진격의 물리학

진격의 물리학

인류 문명을 끌어가는 숨은 거인

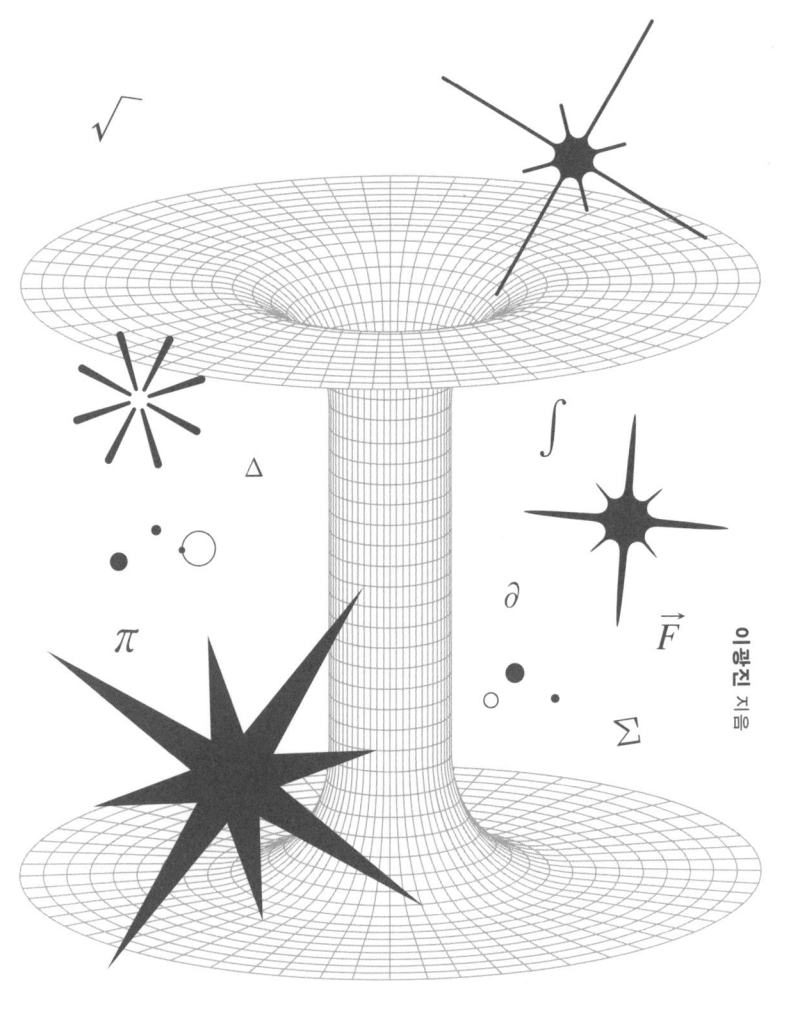

이광진 지음

북트리거

새로운 시대의 가장 중요한 '교양', 물리학

2021년 12월 25일, 제임스 웹 우주 망원경이 프랑스령 기아나 쿠루에서 아리안 5호 로켓에 실려 발사됐습니다. 20년 이상의 세월을 거쳐 인류가 탄생시킨 현존하는 최고의 망원경입니다. 이 망원경은 2022년 1월에 태양-지구 L2 라그랑주점에 안착하며 역사적인 우주 관측을 시작했죠.

제임스 웹 망원경의 주 거울은 금으로 코팅된 베릴륨 재질의 작은 거울 조각 열여덟 장으로 구성되어 있는데, 총 직경은 6.5m에 이릅니다. 이는 2.4m 직경의 기존 허블 망원경의 주 거울보다 세 배 가까이 크기 때문에, 허블이 관측할 수 있는 것보다 100분의 1만큼 더 어두운 천체까지 관측할 수 있습니다. 특히 허블 망원경은 근자외선과 가시광선 스펙트럼 영역을 관측해 우주 역사 중 빅뱅 이후 4억 년 이전은 볼 수 없는 데 반해, 제임스 웹 망원경은 파장이 긴 가시광선(적색)에서 중적

외선까지 관측할 수 있기 때문에 빅뱅 이후 1억 8,000만 년 무렵에 생성된 천체들, 즉 최초에 형성된 별들도 관측할 수 있습니다. 빅뱅 이후 최초의 별이 1억 년에서 1억 8,000만 년 무렵, 최초의 은하가 2억 7,000만 년 무렵에 탄생했기 때문에 제임스 웹 망원경은 최초로 형성된 별과 은하에 대한 정보를 얻을 수 있는 것이죠.

제임스 웹 망원경은 힉스 입자를 발견하며 질량의 기원을 밝혀낸 유럽의 대형 강입자 충돌기(LHC), 그리고 100년 전 아인슈타인이 예측했던 중력파를 검증해 낸 미국의 레이저 간섭계 중력파 관측소(LIGO) 등과 더불어, 인류의 과학적 역량의 집약체로서 지금까지 보지 못했던 수많은 우주의 역사를 보여 줄 겁니다. 수천 년 전 밤하늘의 별을 보며 우주의 작동 원리를 궁금해했던 인간의 지적 호기심이 이와 같은 인류 최대의 과학 작품을 만들어 낸 셈이죠.

이렇게 엄청난 관측 기기를 탄생시킨 인류의 우주에 대한 지적 욕망은 어디서 비롯된 것일까요? 인간에게 의식이 생기고 자아가 형성되면서 자연스럽게 주변 환경을 인식하고, 나아가 자신이 어디로부터 왔는지 그 기원을 밝히려는 행위는 인간의 본능적인 호기심에서 비롯되었을 거라고 생각합니다. 그 호기심을 충족해 줄 선봉장이 바로 물리학입니다. 비록 단순한 호기심에서 시작되었을지라도, 매우 복잡하면서도 정교하게 작동하는 우주를 이해하기 위해서 인간은 끊임없이 사고하면서 체계를 만들어 나가야 했죠. 그것이 물리학이라는 분야로 정립된 것이고요.

이렇듯 물리학은 자연과 우주의 법칙을 발견해 가는 사유 과정을 체계적으로 다루는 학문으로 볼 수 있습니다. 물리학에서 다루는 과학적 방법론은 세상이 어떻게 작동하는지 설명하기 위해서 신중한 관찰을 통해 가설을 설정하고 그 가설을 검증함으로써 세상을 이해할 수 있는 원리를 수립할 사고의 틀을 만듭니다.

따라서 선배 과학자들이 발견한 자연법칙의 결과를 단순히 외우는 것이 아니라 그들이 어떠한 사유를 통해 과학 이론을 발견했는지, 그 과학적 사고 과정을 따라가는 것이 중요합니다. 특히 눈에 보이는 현상 이면에 숨겨진 새로운 원리를 탐구하는 자세가 과학적 사고의 기본이죠. 과학적 사고는 복잡하고 숨 가쁘게 돌아가는 세상 속에서 우리가 서 있는 위치와 존재의 의미를 더 객관적으로 이해할 수 있게 만들고 그를 통해 삶을 보는 안목 또한 넓혀 줍니다. 또한 우리가 끊임없이 마주하는 복잡한 선택의 순간에도 각자의 주관적 판단 기준을 넘어 합리적이고 보편적인 결론을 이끌어 낼 수 있도록 도와주죠.

하지만 아이러니하게도 인류의, 특히 소수 과학자 집단의 과학적 성취가 더욱 쌓여 갈수록 대중의 과학적 사고는 오히려 점점 쇠퇴하고 있는 듯합니다. 지금 이 순간에도 쏟아지는 새로운 과학기술의 결과물들, 예컨대 새로운 자동차나 로봇, 최신형 스마트폰 등은 기술적 성취감을 느끼게 하지만 한편으로는 이러한 것들에 더욱 의존하게 하면서 과학적이고 비판적인 분석 능력을 떨어뜨리고 있는 것이죠. 더군다나 최근에 챗GPT와 같은 인공지능 모델이 등장하면서, 인간이 세상을 깊이

이해하기 위해 스스로 노력할 필요성은 더더욱 줄어들지도 모르겠습니다.

또한 전 세계의 수많은 과학자들이 조사하고 분석한 자료를 기반으로 예측한 기후변화의 미래는 지금 우리가 맞닥뜨린 가장 심각한 도전입니다. 하지만 아직도 이를 받아들이고 대비하려는 노력은 많이 부족합니다. 곧 닥쳐올 기후변화의 암울한 미래가 (적어도 한국에서는) 먼 훗날의 추상적인 위험 정도로만 인식되고 있는 형편이죠. 이는 과학적 결과물을 받아들이는 우리의 자세가 아직 부족하다는 것을 반증합니다.

기후변화와 같은 전 지구적인 이슈 말고도 우리는 살면서 수많은 난제와 도전을 마주합니다. 이렇게 복잡해 보이는 문제들을 객관적이고 합리적인 사고를 통해 받아들일 수 있다면 그 해답은 의외로 간단하다는 것을 알게 되는 경우가 많습니다. 물리학은 엄밀하고 정확하고 합리적이면서 논리적인 과학적 사고 체계를 배우는 학문이기 때문에, 우리가 직면하는 수많은 난제를 슬기롭게 극복하는 자세를 익히게 해 줍니다.

그렇다 보니 최근 영화들 중에는 현대물리학 지식 없이는 이해하기 힘든 내용들이 다수 포함되어 있으며, 미국 신문의 만평에서는 대통령을 '불확정성원리'에 빗대어 비평하기도 했습니다. 한국에서도 양자역학의 중첩의 원리에 빗댄 정치 비평이 나올 정도니, 이제 우리도 물리학을 인문학에 버금가는 교양으로서 받아들여야 할 때가 온 것이죠.

흔히 인문학을 논할 때 우리는 개개의 인간이 세상을 움직이는 커

다란 기계에 속한 부속품이 아니며, 스스로 생각하고 삶의 가치를 논할 수 있는 독립적이고 자유로운 존재라는 전제에서 출발합니다. 물리학도 마찬가지입니다. 물리학을 통해 자연과 우주의 이치를 탐구하다 보면 자기 자신과 우주의 존재 이유에 대해 생각할 기회를 갖게 될 겁니다. 우리가 단순히 한치 앞을 바라보며 기계적으로 살아가는 삶이 아니라, 자신만의 꿈을 향한 독립적인 삶을 살아갈 수 있는 여유를 갖기 위해서라도 물리학은 21세기 새로운 교양으로서 그 위치를 확고히 해야 합니다. 그리고 물리학의 목표는 곧 우리 모두가 공유해야 할 미래에 대한 관점과 전망이 되겠죠.

이 책을 통해 물리학이라는 학문이 태어나고 역경 속에 성장해 온 역사와, 다른 학문과의 융합으로 성큼성큼 '진격'하고 있는 현재의 상태, 그리고 미래를 이끌어 갈 물리학이 품고 있는 인류의 꿈에 대해 차근차근 살펴보고자 합니다.

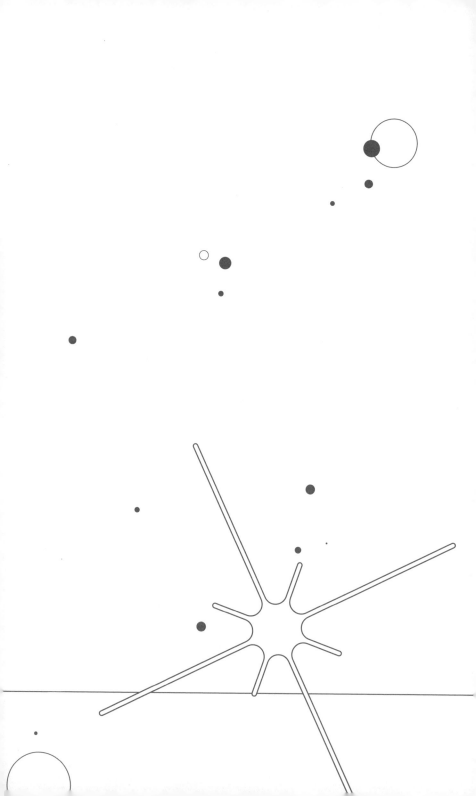

CONTENTS

권위를 부수고 자라다

빛과 관성을 둘러싼

오랜 투쟁

내 눈과 뼈 사이에 바늘을 밀어 넣었다

1803년, 이제 막 서른 살이 된 한 청년이 새로운 물리학 연구 결과를 발표합니다. 그의 실험 결과는 당시로서는 신적인 지위를 누리고 있던 뉴턴의 권위를 무너뜨릴 수 있는 엄청난 결론이었죠.

그 청년은 빛의 정체에 대해 알고 싶었습니다. 뉴턴이 젊은 시절 엄청난 열정을 쏟아부었던 빛에 관한 연구를 신봉해 왔고, 나아가 빛의 본질에 관한 뉴턴의 학설을 직접 실험으로 검증하고자 했습니다.

뉴턴(1642~1727)은 그로부터 100년 전인 1704년에 편찬한 『광학』이란 책에서 빛에 관한 다양한 이론과 실험을 보여 줍니다. 이에 따르면 빛과 색은 다른 실체가 아니라 같은 본질을 가집니다. 색은 인간의 시신경이 빛을 인식하는 형태일 뿐이며, 백색 빛이 프리즘(유리)을 통과할

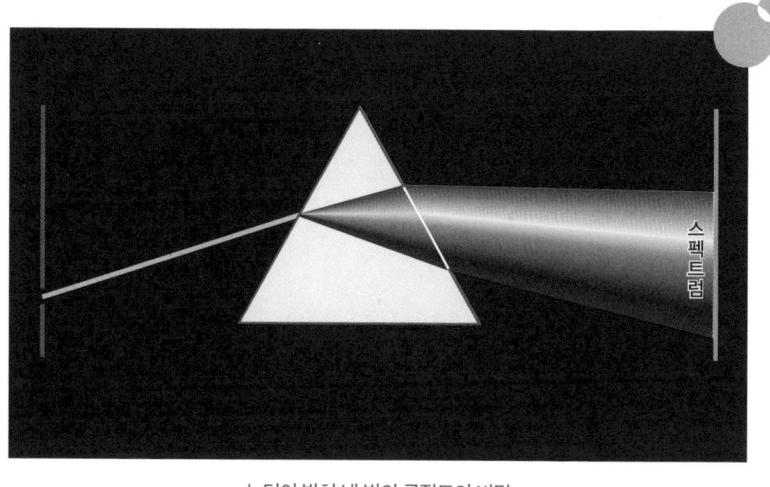

뉴턴이 밝혀 낸 빛의 굴절도의 비밀

때 무지개 색으로 분리되는 이유는 변형 때문이 아니라 프리즘을 통과하며 굽어지는 정도(굴절)가 다르기 때문이라는 거였죠.

　나아가 그의 결론은 빛은 미세한 입자들의 다발이며 그 입자들이 인간의 시신경을 자극해서 빛을 색으로 인식하게 한다는 거였습니다. 이 결론을 위해 뉴턴은 자신의 눈을 실험용으로 사용하는 데 주저하지 않습니다. 그가 실험실에서 쓴 노트에는 "내 눈과 뼈 사이의 최대한 뒤쪽에 뜨개바늘을 밀어 넣었다"라는 글귀가 나옵니다. 바늘로 안구의 여러 부위를 자극하며 시각의 왜곡이 생기는지 실험한 끝에 사람의 시신경이 빛이라는 입자를 서로 다른 위치에서 인식하기에 다양한 색깔로 보인다는 사실을 직접 확인한 거죠. '미립자설'로 불리는 그의 가설은 더 정밀한 실험으로 검증되지는 못했지만 뉴턴의 사후 약 100년이 지날 때까지 정설로 받아들여지고 있었습니다.

물론 뉴턴을 신봉했던 이 청년 역시 기본적으로 빛에 관한 뉴턴의 이론을 모두 섭렵하고 있었습니다. 하지만 그는 뉴턴과 동시대를 살다 간 네덜란드의 물리학자 크리스티안 하위헌스(1629~1695)가 주창한 빛에 관한 이론도 잘 알고 있었죠. 하위헌스는 대중에게 잘 알려져 있지는 않지만 적어도 빛에 관해서는 뉴턴 못지않은 대단한 통찰을 보여 주었던 과학자입니다. 1690년에 출판한『빛에 관한 논술』이라는 책에서 그는 나름의 상당한 근거를 제시하며 빛이 입자가 아니라 파동이라는 '파동설'을 주장합니다. '하위헌스의 원리'를 창안하여 빛의 반사, 굴절, 회절과 같은 현상들을 묘사했을 뿐만 아니라 빛이 파동이라는 사실을 기반으로 복굴절과 편광 현상을 설명하기도 했습니다.

특히 그는 빛이 파동이기 위해서 필요로 했던 매질, 즉 단단하며 탄성이 있는 미립자로 구성된 에테르라는 개념을 상정하여 빛의 전파 현상을 설명했습니다. 이 개념은 이후 아인슈타인에 의해 부정되기 전까지 약 200년간 그 명맥을 유지했죠. 이때의 에테르는 이전에 아리스토텔레스나 데카르트가 주장했던 추상적인 개념의 물질이 아닌, 빛이라는 파동을 실어 나르는 물리적 실체로서의 매질을 뜻합니다. 이 개념이 19세기 말까지 이어지면서 하위헌스는 적어도 빛에 관해서는 뉴턴을 뛰어넘는 통찰을 보여 주게 됩니다.◆

◆　하위헌스는 망원경과 렌즈의 개발에도 크게 기여했는데, 그가 개량한 망원경은 토성의 고리를 선명하게 보여 주었을 뿐만 아니라 토성의 가장 큰 위성인 '타이탄'의 존재를 드러나게 했다. 미국과 유럽의 공동 토성 무인 탐사선(1997~2017)의 이름은 그의 업적을 기려 '카시니-하위헌스호'라고 붙여졌다.

하지만 앞서 언급했듯이 청년이 살았던 시대에는 뉴턴이라는 이름에 걸려 있는 엄청난 권위 때문에 하위헌스의 파동설은 별다른 주목을 받지 못했습니다. 하위헌스 역시 빛이 파동이라는 직접적인 증거를 찾아내지는 못했지만 이 청년은 그 주장의 근거에 상당한 신빙성이 있다고 생각했습니다. 어찌 되었건 과학이라는 학문은 주장하는 이론이나 학설이 반드시 실험으로 검증되어야 하기에, 청년은 뉴턴과 하위헌스의 서로 다른 주장에 대해 명확한 종지부를 찍고 싶었습니다. 그러기 위해서 매우 정교한 실험을 준비했죠.

먼저 맨 앞쪽에 슬릿(빛이나 분자의 너비를 조절하기 위해 두 장의 날을 마주 놓아서 만든 틈) 1개를 낸 마분지를 놓고 그 뒤에 슬릿 2개를 낸 마분지를, 그 뒤편에는 무늬를 관찰하기 위한 마분지를 놨습니다. 거기에 당시 최고의 출력을 내던 아르강 램프로 빛을 쪼여 주었죠. 그는 백색 빛에는 서로 다른 파장들의 빛이 섞여 있어 간섭무늬(둘 이상의 파동이 만날 때 생기는 동심원 모양의 줄무늬)를 보기 쉽지 않다는 것을 이미 알고 있었기 때문에, 특정 파장의 빛을 보내기 위해 램프에 초록색 유리를 씌우는 엄밀함도 보였습니다. 만약 뉴턴이 주장한 대로 빛이 '입자'라면 맨 뒤의 마분지에는 두 개의 선명한 무늬가 보여야 했고, 하위헌스의 말대로 '파동'이라면 여러 개의 밝고 어두운 무늬가 반복적으로 나타나야 했습니다. 마치 총알(입자)을 이중 슬릿에 쏘면 두 슬릿을 통과한 총알만이 스

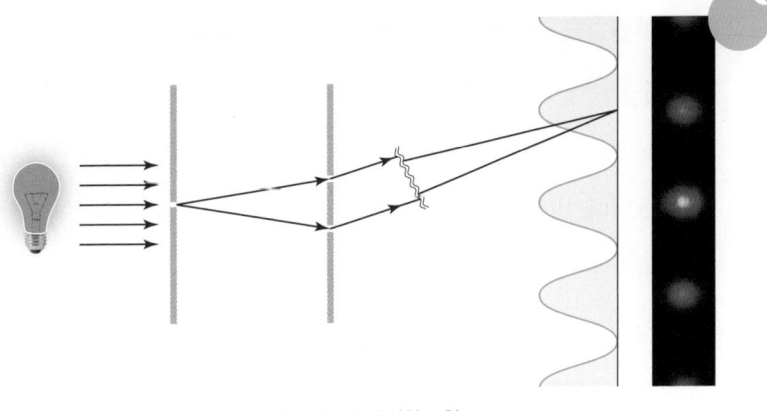

토머스 영의 이중 슬릿 실험 모형도

크린에 박히고, 수면파(파동)를 이중 슬릿에 쏘면 각각의 슬릿으로부터 출발한 파동들의 위상 변화에 따라 보강간섭(두 파동이 합쳐져 진폭이 2배가 됨)과 상쇄간섭(두 파동의 마루와 골이 만나면서 진폭이 0이 됨)이 주기적으로 일어나듯이 말이죠.

청년의 실험 결과, 놀랍게도 밝고 어두운 무늬들이 규칙적으로 나타났습니다. 빛이 입자가 아니라 파동이라는 사실이 증명된 것이죠. 적어도 빛에 관해서만큼은 뉴턴의 명성과 권위의 철옹성이 무너지는 순간이었습니다.

그것을 무너뜨린 청년은 바로 영국의 토머스 영(1773~1829)이었습니다. 그는 이중 슬릿을 이용하여 빛의 간섭 실험을 성공적으로 수행하고 이를 통해 빛이 파동성을 갖는다는 사실을 최초로 규명하게 됩니다. 토머스 영은 사실 과학자라기보다는 의사에 더 가까웠습니다. 불과 스물세 살이던 1796년에 의학 박사를 취득한 그는 1801년부터 영국왕립

학회 자연철학 교수가 되어 의학을 가르쳤습니다. 의학뿐만 아니라 화학이나 고대 문자에도 능통해서, 고대이집트의 상형문자를 해독하기도 하고 둘 이상의 원자가 화학결합되어 생성된 입자의 크기를 측정하기도 했습니다. 비록 여러 방면에서 엄청난 능력을 발휘한 수재이긴 했지만 물리학에 정통하지는 않았던 그가, 인류 최고의 권위를 가졌던 뉴턴의 빛에 관한 학설을 뒤집은 것은 이처럼 매우 단순해 보이는 하나의 실험 덕이었습니다.

영의 연구가 발표될 당시에는 학계에서 거의 관심을 두지 않거나 애써 무시했지만 시간이 지나면서 프랑스의 과학자 프레넬, 독일의 과학자 프라운호퍼 등의 후속 연구로 이어지며 파동으로서 빛의 정체가 드러나게 됩니다. 덕분에 뉴턴의 미립자설은 설 자리를 잃었고, 19세기 후반 영국의 제임스 클러크 맥스웰(1831~1879)에 의해 빛의 정체가 전자기파로 확립되면서 빛은 그 숨겨진 모습을 완전히 드러내게 됩니다.

불과 서른 살의 젊은 의사가 과학자들 사이에서도 성인의 반열에 오른 뉴턴의 권위를 어떻게 무너뜨릴 수 있었을까요? 그것은 바로 물리학의 진위 여부를 판단하는 것이 인간이 아니라 자연과 우주이기 때문입니다. 물론 빛의 입자설은 20세기 들어 부활하지만(아인슈타인의 광양자설) 영은 빛의 파동성을 최초로 증명함으로써 뉴턴의 학설을 뒤집는 영예를 얻을 수 있었습니다. 이는 아무리 과학적으로 범접할 수 없는 명성을 지녔을지라도, 심지어 인류 역사상 가장 위대한 천재로 손꼽히는 과학자일지라도, 직접적인 실험을 통한 검증이 없다면 그의 주장은 언제

든 부정될 수 있다는 것을 보여 줍니다. 즉, 물리학은 자연이라는 진실 앞에서는 그 어떤 인간의 권위도 얼마든지 무너질 수 있다는 것을 전제로 성립된 학문이라는 겁니다.

Why에서 How로의 도약

이렇듯 물리학은 기존의 학문적 권위자들이 철저한 이론과 실험에 의해 무너지면서 시작되었습니다. 토머스 영과 마찬가지로 기존의 권위자를 무너뜨리면서 근대 과학의 기틀을 세운 인물이 그 중심에 있었죠. 그 권위자는 바로 아리스토텔레스(B.C. 384~B.C. 322)였고, 그를 무너뜨린 과학자는 갈릴레오 갈릴레이(1564~1642)였습니다.

아리스토텔레스는 자연이 본래 왜 그렇게 작동하는지 최초로 묻기 시작한 자연철학자로 그의 사후 약 2,000년간 모든 과학 학설은 그의 영향력 아래 있었습니다. 물론 뉴턴 시대 이전까지는 현재 기준에 맞는 과학이 성립되었다고 볼 수 없지만, 자연의 운행 원리를 탐구하는 학문을 과학이라고 했을 때 그 모든 것은 아리스토텔레스의 철학을 기반으로 하고 있었으니까요. 그의 학설은 (그가 의도하지 않았지만) 중세 시대에 신학과 결탁되면서 학문적 암흑기를 가져오게 됩니다. 이 시기에 자연철학은 거의 정체되어 있었으며, 아리스토텔레스의 주장은 신의 존재를 증명하는 수단으로서만 진리로 받아들여졌습니다.

그에 따르면 우주의 중심에 지구가 정지해 있고 그 주위를 태양이 돌고 있습니다. 물체는 힘을 주면 움직이고 힘을 주지 않으면 정지합니다. 4원소로 이루어진 세상에서 모든 물체는 흙이 존재하는 아래로 떨어지는데, 무거운 물체가 가벼운 물체보다 먼저 떨어집니다.

지금은 누가 보더라도 모두 틀린 주장들이 지배했던 암흑기에서 벗어나 진정한 근대과학의 길을 열었던 과학자가 바로 갈릴레오 갈릴레이입니다. 그는 아리스토텔레스의 과학에 관한 학설들이 철저히 인간의 감각과 경험에 기반하여 성립되었으며, 이는 자연의 진정한 모습을 보여 주는 것이 아니라 오히려 왜곡할 수 있다는 사실을 최초로 간파했습니다. 자연의 운행을 인간이 느끼고 경험하는 방식으로 기술한다면, 조금 부족한 정도가 아니라 완전히 잘못된 결론을 이끌어 낼 수 있기 때문에, 과학은 감각과 철저히 분리되는 영역에 자리 잡아야 한다고 생각했죠. 말 그대로 감각과 경험의 배신을 알아차린 겁니다.

따라서 그는 정량화된 물리법칙과 체계적인 실험을 통해 자연의 본질을 규명해야 한다는 신념을 갖게 되었고, 이는 지금까지도 과학자들이 가져야 할 기본 자세가 되었습니다. 2,000년을 이어 온 거장의 권위에 대항하기 위해서 그는 아리스토텔레스가 자연을 이해하고자 던졌던 질문들을 Why(왜?)와 How(어떻게?)로 철저히 분류하고, How에 대한 답을 우선적으로 해야만 한다고 생각했습니다. 왜냐하면 How에 대한 답만이 정량화된 변수나 지표에 기반한 수학적 방식으로 정확하게 표현될 수 있었기 때문입니다. 자연이 어떻게 동작하는가에 대해 정확히 답

하기 위해서 그는 우선 정량화할 수 있는 물리량을 정했습니다. 객관적으로 정량화될 수 없는 양들을 가지고는 과학을 논할 수 없다고 확신한 거죠. 이를 바탕으로 엄격하게 설계된 실험을 수행하여 얻은 결론만 의미가 있다고 생각했습니다.

특히 그는 수학이라는 도구를 이용해 정확하고 보편적인 물리법칙을 얻을 수 있다는 확신을 가졌던 최초의 과학자였습니다. 그가 이루어낸 수많은 업적들을 여기서 다 논할 수는 없겠지만 가장 기본적인 생각들에 대해 잠깐 소개하도록 하겠습니다.

인류 역사상 가장 어렵게 발견한 법칙

물체가 왜 아래로 떨어지는가에 대해 생각해 봅시다. 앞서 보았듯이 아리스토텔레스는 흙은 무겁기 때문에 우주의 중심인 지구의 지면이 고유한 위치이며 흙으로 빚어진 모든 물질은 지면으로 돌아가야 한다고 생각했죠. 그의 이러한 생각은 How가 아닌 Why에 대한 답입니다. 어떻게 낙하하는가에 대한 답은 없죠. 또한 그는 무거운 물체가 가벼운 물체보다 먼저 떨어질 거라고 생각했습니다. 언뜻 생각해 보면, 즉 인간의 감각과 경험에 비추어 보면 그럴듯하게 들리지만 과연 그럴까요?

갈릴레이는 과학이란, 물체가 질적으로 어떻게 변화하는지보다는 어떠한 방식으로 거동하는지 답하는 거라고 생각했습니다. 현상을 정

량적으로 기술하기 위한 '수학'과 그것을 뒷받침할 수 있는 '실험'이 반드시 따라와야 한다고 생각한 거죠. 예컨대 그는 경사면에서 쇠구슬을 굴리는 실험을 통해 낙하하는 물체의 거리(s)와 시간(t) 사이에는 다음과 같은 관계가 있음을 증명했습니다.

$$s = 4.9t^2$$

이 식에는 물체의 질량이 포함되어 있지 않습니다. 갈릴레이는 낙하운동에서 물체의 질량과는 무관하게 낙하 거리가 시간의 제곱에 비례한다는 사실을 실험을 통해 발견한 겁니다.◆ 이와 같이 그는 정량화할 수 있는 운동의 방식만을 따로 떼어내어 지속적으로 고찰했고, 그러한 과정을 통해 운동을 기술하는 보편적 수학 법칙을 발견하기 위해 노력했습니다. 자연에 대한 정량적 접근을 최초로 시도했던 갈릴레이는 적어도 How에 대한 답을 얻은 셈입니다. 하지만 여전히 왜(Why) 물체가 낙하하는지 밝히지 못했는데 이는 뉴턴이 보편 중력(혹은 만유인력)의 존재를 확인함으로써 답을 찾을 수 있게 되었습니다. 아리스토텔레스에서 시작된 질문에 대한 답이 2,000여 년이 지난 후 갈릴레이와 뉴턴에 의해 발견된 거죠.

갈릴레이가 발견한 가장 중요한 법칙은 바로 관성의법칙이었습니

◆　피사의사탑에서 무거운 물체와 가벼운 물체를 직접 떨어뜨려 보며 낙하의 법칙을 증명했다는 이야기도 있으나, 이는 마치 '뉴턴의 사과'처럼 후세 사람들이 지어낸 것으로 보인다.

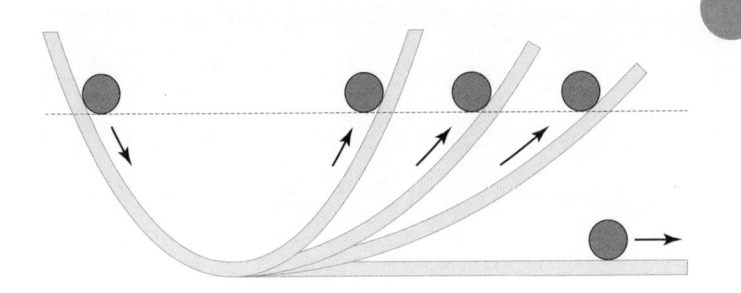

갈릴레이의 사고실험도

다. 이 법칙의 발견으로 아리스토텔레스의 운동에 관한 학설을 사실상 무너뜨렸으니까요. 지금 우리야 교과과정에서 뉴턴의 운동 제1법칙으로 으레 배우는 것이지만, 사실 관성의법칙은 인류 역사상 가장 발견하기 어려웠던 대단히 심오한 법칙입니다. 관성의법칙에 관한 갈릴레이의 사고실험이 아주 중요한 역할을 했죠.

먼저 모든 마찰을 무시할 수 있고 잘 휘어지는 레일을 준비합니다. 그 레일을 포물선 형태로 휜 후 공을 굴리게 되면 공은 최하점을 지나 처음 공을 굴린 위치까지 올라가고 다시 떨어지는 운동을 반복할 겁니다. 즉, 에너지보존법칙에 의해 처음 공의 위치와 같은 높이까지 공이 올라가는 거죠. 이제 레일을 조금 덜 휘어 볼까요? 그렇다고 해도 공은 처음 위치와 같은 높이까지 간 후 다시 내려오겠죠. 조금 더 멀리 간다는 차이 말고는 없습니다. 레일을 점점 덜 휘어도 같은 현상이 나타날 것이고 휨 정도를 점점 줄여서 극한으로 가면 평평해질 텐데 그 상황에서는 어떻게 될까요? 공이 원래 높이로 올라가려고 하는데 올라갈 수가

없으니 영원히 직선운동을 계속할 거라는 추론이 가능합니다.

그렇다면 이제 아리스토텔레스의 주장과 갈릴레이의 주장을 비교해 볼 수 있습니다. 아리스토텔레스의 주장은 모든 물체가 움직이려면 힘을 가하는 원동자prime mover가 존재해야 하고 그 원동자에 의한 힘이 사라지면 물체는 정지한다는 겁니다. 인간의 오랜 경험과 직관으로 볼 때 그의 주장은 사실인 것처럼 보이지만, 갈릴레이의 관성의 법칙에 따르면 이것은 잘못된 설명입니다. 갈릴레이의 실험에 따르면 외부에서 아무런 힘이 작용하지 않을 때 물체의 자연스러운 운동 상태는 등속운동이기 때문입니다. 오히려 이 물체를 멈추게 하는 등, 속도의 변화를 주려면 힘을 가해야 하죠. 물체가 원래의 운동 상태를 지속하려는 경향, 즉 정지한 물체는 영원히 정지해 있고, 운동하던 물체는 그 운동(직선운동)을 지속한다는 관성의법칙은 감각과 경험에 기반한 아리스토텔레스의 운동학을 완전히 극복하는 단초를 제공하게 됩니다.

도약, 진리를 찾기 위한 '왜곡'

그렇다면 갈릴레이는 아리스토텔레스가 저지른 명백한 실수를 바로잡은 것일 뿐일까요? 아니면 아리스토텔레스의 관찰이 너무 조잡했기 때문에 더욱 정밀한 관찰을 통해서 이와 같은 올바른 원리를 산출할 수 있었던 것일까요? 전혀 그렇지 않습니다. 앞서 말했듯 아리스토텔레

스는 완벽한 실재론자로서 경험적으로 관찰되는 사실에 기반해 모든 물체의 운동을 설명했죠. 그러니 갈릴레이가 단순히 더욱 엄밀한 관찰만으로 그를 넘어설 수 있었을 리는 없습니다. 그렇다면 둘에게는 결정적으로 어떤 차이점이 있었던 걸까요?

여기에는 갈릴레이의 명백한 '도약'이 작용했습니다. 바로 수학자적인 마인드로 물체의 운동에 접근했다는 점입니다. 다시 말해 어떤 사실을 설명하기 위해 부수적인 요소들을 일단 무시함으로써, 관찰되는 현상을 최대한 이상화한 거죠. 예컨대 인간이 '원'이라는 도형을 실제로 완벽하게 만들어 내는 것은 불가능한데, 수학자들이 그것을 이상화함으로써, 원의 성질을 연구한 것과 마찬가지입니다. 갈릴레이는 마찰이나 공기저항을 무시함으로써 순수한 유클리드적 진공에서 운동이 일어나고 있다는 상상을 통해 운동의 근본 원리에 도달할 수 있었습니다.

물론 마찰이나 공기저항은 우리가 살아가면서 절대로 피할 수 없는 영향력을 발휘합니다. 하지만 갈릴레이는 이러한 요소들이 운동의 근본 원리에 '첨가되는' 부수적인 요소라는 점을 통찰해 낸 겁니다. 실제로 이러한 저항력들은 주변 조건을 변화시킴으로써(기름을 사용하여 마찰을 줄인다든지, 아주 무거운 물체를 사용하여 공기저항을 줄인다든지) 최소화할 수 있으니까요. 최소화하면 할수록 점점 이상화된 운동 환경에 근접할 수 있음을 그는 알았던 겁니다. 아무리 삼각형을 열심히 그려도 모든 내각의 합이 180도가 되는 이상적인 삼각형을 그릴 수는 없지만, 그 그림을 통해 이상화된 삼각형의 기하학적 성질을 알아내는 방식과 동일하죠.

언뜻 과학자와 수학자 들이 상식을 벗어날 정도로 문제 상황을 너무나 이상화하여 왜곡하는 것처럼 보이지만, 오히려 이를 통해 정확한 원리를 찾아내는 역설적인 상황이 일어나는 겁니다. 물리학의 영역에서 이러한 상황을 최초로 상상한 사람이 바로 갈릴레이였습니다.

그리고 그의 이러한 뜻을 후대 과학자인 뉴턴이 완벽하게 이어받아 수학적 법칙으로 기술되는 물리학을 완성합니다. 뉴턴 물리학의 완성으로 인간은 자신의 경험과 감각적 직관을 통해 자연의 원리를 이해할 수 있다는 생각 자체를 버리고, 체계적으로 설계된 실험과 수학으로 기술된 정량적 이론으로 설명되는 자연을 받아들이게 됩니다.

이렇듯 자연과 우주는 늘 변함없이 자신만의 원리를 따라 움직일 뿐인데, 우주 전체로 보면 하등 보잘것없는 존재인 인간의 경험으로 그 원리를 파악할 수 있다는 믿음이 얼마나 조잡하고 허망한지, 물리학은 보여 주고 있습니다. 또한 젊은 학자인 토머스 영에 의해 자신의 빛 이론이 무너지는 운명을 맞은 뉴턴처럼, 아무리 학문적 권위와 명성을 지니고 있는 과학자라 하더라도 수학적 근거와 실험적 증거에 기반하지 않는다면 학계에서 인정받지 못한다는 엄격함 역시 보여 주죠.

수학적 이론과

실험적 증거의 만남

과학은 발견, 수학은 발명?

갈릴레이의 사례에서 알 수 있듯, 수학은 물리학과 뗄 수 없는 관계에 있습니다. 하지만 엄밀히 말해 수학은 자연과학에 속하지 않습니다. 수학은 자연현상과는 별개로 인간의 추상적인 논리적 사고 체계의 총체로서 자신만의 완결성을 품고 있기 때문입니다. 따라서 수학의 진위 여부를 판단하기 위해서 자연현상의 관측이나 실험이 필요하지는 않죠.

반면에 물리학과 같은 자연과학의 이론은 반드시 관측이나 실험을 통해 검증을 받아야 비로소 그 지위를 인정받습니다. 예컨대 피타고라스의정리나 페르마의정리는 우리가 관찰하는 자연현상과 무관하기 때문에 이 이론들을 증명하기 위한 실험을 수행할 필요가 없지만(물론 할

『자연철학의 수학적 원리』 두 번째 판을 위해 뉴턴이 단 주석

수도 없습니다) 맥스웰의 전자기파 이론을 검증하기 위해서는 실험이 필요하죠.

이를 토대로 생각해 보면 자연과 무관해 보이는 수학이 물리학과 연관될 이유는 딱히 없어 보입니다. 그런데 놀랍게도 인류는 일찍부터 자연의 운행 원리와 수학 사이에 깊은 연관이 있다는 사실을 깨달았습니다. 특히 자연현상과 무관하게 인간의 철저한 이성적 사유로 정립된 수학 체계가 나중에 훌륭한 물리법칙으로서 자연을 설명하고 해석하는 이론적 틀이 되는 경우가 매우 많았죠.

뉴턴은 『자연철학의 수학적 원리』(일명 '프린키피아')에서 유클리드 기하학과 아폴로니우스의 이차곡선 정리에 자신의 역제곱 법칙을 결합하여 케플러의 법칙을 증명합니다. 결국 고대 그리스의 기하학이 행성의 운행을 설명하는 케플러법칙까지 증명하게 된 셈이죠.

아인슈타인은 당시 수학 분야에서 새롭게 정립되었던 리만기하학을 이용하여 일반상대성이론, 즉 중력이론을 정립했습니다. 독일의 수학자 베른하르트 리만(1826~1866)은 기존의 유클리드기하학과는 전혀 다른, 휘어진 공간에서의 기하학을 창시한 인물입니다. 수학적인 관점에서 기존의 유클리드기하학의 한계를 극복하고자 굽은 공간에서의 새로운 기하학적 체계를 만들어 낸 거죠. 하지만 리만이 자신의 이론이 우주의 시공간 구조를 설명하는 이론적 틀의 역할을 할 거라고 상상이나 했을까요?

가장 최근에는 현대 응집물질물리학에서 매우 중요한 개념인 위상학적 물질을 이론적으로 기술하는 데, 수학자들이 정립해 놓은 위상수학topology이 지대한 역할을 하고 있습니다. 위상수학자들 또한 자신들의 이론이 물질의 물리적 특성을 설명할 수 있을 거라고 생각하지는 않았을 겁니다.

이와는 거꾸로 물리학자들이 자연을 설명하기 위한 수학 이론을 개발하면서 새로운 수학 분야가 탄생한 경우도 있습니다. 대표적인 예로 뉴턴이 개발한 미적분학이 있죠. 뉴턴은 물체의 운동을 기술하기 위해서는 동적으로 변화하는 상태를 기술하는 수학이 필요하다는 것을 간파했는데, 안타깝게도 그때까지는 정적인 상태를 기술하는 수학밖에 존재하지 않았습니다. 이에 따라 그는 순간적인 변화율(뉴턴은 유율이라고 불렀습니다)을 수학적으로 정의하기 위해 무한소(극한)의 개념을 정의하고 이를 확장하여 미분법이라는 수학적 방법론을 개발하게 되었죠.

뉴턴은 미적분학을 이용하여 미분방정식의 형태로 주어지는 운동방정식을 정립할 수 있었고, 이를 통해 시시각각 변화하는 물체의 운동 상태를 정확히 기술할 수 있게 되었습니다. 이후 미적분학은 수학에서 독립적인 학문 분야로 자리 잡으면서 수학의 발전에 큰 공헌을 해 왔고요. 이렇게 수학과 물리학은 서로 영향을 주고받으며 돈독한 관계로 발전해 왔습니다.

다시 강조하지만 수학과 물리학의 관계가 돈독하다는 것이 두 학문이 동일한 특성을 갖는다는 뜻은 아닙니다. 물리학은 우주의 작동 원리를 인간이 '발명'하는 것이 아니라 '발견'하는 과정으로 정의되는데, 수학도 그럴까요? 수학은 인간 이성의 논리 체계의 총체인만큼 인간이 '발명'한 결과물의 집합으로 봐야 하지 않을까요? 리만은 자신의 기하학을 발명한 것일까요? 아니면 '비'유클리드기하학의 존재를 발견한 것일까요? 뉴턴은 미적분학을 발명한 것일까요? 아니면 발견한 것일까요?

직각삼각형으로 이루어진 세계

이제 수학과 물리학의 연관성에 대해 좀 더 물리학적인 관점에서 구체적으로 이야기해 보겠습니다. 크게 세 가지 관점으로 나눌 수 있는데, 이들은 모두 서로 연관되어 있죠.

첫째로 만물, 즉 자연의 본질 자체가 수학적 형상이라고 보는 관점이 있습니다. 이는 고대 그리스의 위대한 철학자이자 수학자인 플라톤(B.C. 428?~B.C. 347?)의 관점이기도 합니다. 플라톤 이전에도 수^{number}를 통해 진리를 펴려고 했던 피타고라스학파가 있었지만 행적이 거의 남아 있지 않기 때문에 그들이 자연과 우주에 대해 어느 범위까지 사유했는지는 정확하지 않습니다. 다만 플라톤이 피타고라스학파의 영향을 받은 것은 분명해 보입니다. 그가 이상화된 기하학적 구조물과 자연의 본질을 연결함으로써, 수학을 통해 자연을 설명하려고 시도한 흔적이 많이 남아 있거든요. 플라톤은 『티마이오스』라는 저서에서, 창조주는 이성에 의해 파악되는 것 중 가장 완전한 기하학에 따라 물질의 원소를 만들었다고 주장하면서 만물의 근본에 기하학이 있다고 생각했습니다. 우주를 구성하는 원소는 가장 훌륭하고 선한 것이어야 하므로, 이에 대응하는 것은 단순하고 기본적인 기하학적 형상이어야 한다는 거죠.

플라톤 이전에 엠페도클레스(B.C. 490?~B.C. 430?)는 만물이 불, 공기, 물, 흙으로 구성되어 있다는 4원소설을 최초로 주장했습니다. 이는 현대물리학으로 말하면 쿼크와 렙톤 같은 기본 입자에 대응한다고 볼 수 있죠. 플라톤은 이 4원소설을 받아들이긴 했지만, 감각적으로 경험할 수 있는 물질이 근본 실재가 아니라고 믿었기 때문에 이 네 가지 원소가 물질의 근본 요소 자체라고 생각하지는 않았습니다. 근본 요소라면 불변해야 하는데 이 네 원소들은 끊임없이 모습과 형태를 바꾸며 변화하기 때문이죠. 따라서 플라톤의 이데아론은 이 네 원소가 자연을 구성하

긴 하지만 근본은 아니며 절대 변하지 않는 더욱 근본적인 것으로 구성된다고 주장합니다. 그럼 더 근본적인 것이 대체 뭘까요? 바로 추상적인 수학적 형상입니다. 즉, 물체는 표현형식에 따라 기하학적으로 형상화되는 겁니다. 예컨대 두 점을 정하면 직선이, 세 점을 정하면 평면이 결정되고, 그 평면으로 둘러싸인 공간에 의해 물체가 결정되는 방식으로 말이죠.

이런 사실을 바탕으로 플라톤은 물질을 구성하는 기본 요소가 직각삼각형이라고 주장했습니다. 직각삼각형은 두 가지 부류로 나뉘는데, 하나는 정사각형을 대각선으로 이등분한 직각이등변삼각형이며, 다른 하나는 정삼각형을 이등분한 직각삼각형입니다(이를 특수직각삼각형이라고 부르겠습니다). 왜냐하면 이 두 가지의 직각삼각형에서 4원소를 구성하는 네 개의 정다면체가 유도되기 때문입니다. 직각이등변삼각형 두 개를 붙이면 정사각형이 되고 이를 여섯 개 붙이면 정육면체를 만들어낼 수 있는데 이는 흙 원소에 대응합니다. 특수직각삼각형 두 개를 붙이면 정삼각형이 되고 이를 네 개, 여덟 개, 스무 개 붙이면 각각 정사면체, 정팔면체, 정이십면체가 만들어지죠. 이들은 각각 불, 공기, 물의 원소에 대응합니다.

플라톤은 네 원소 중 흙을 제외한 세 원소들 사이에서는 상호 변환이 매우 쉽다는 것에 주목했는데, 이는 이 세 원소가 모두 정삼각형으로 이루어진 정다면체이기 때문이라고 설명합니다. 반면에 정육면체인 흙 원소는 각 면이 정사각형이기 때문에 다른 원소로 변화하기가 쉽지 않

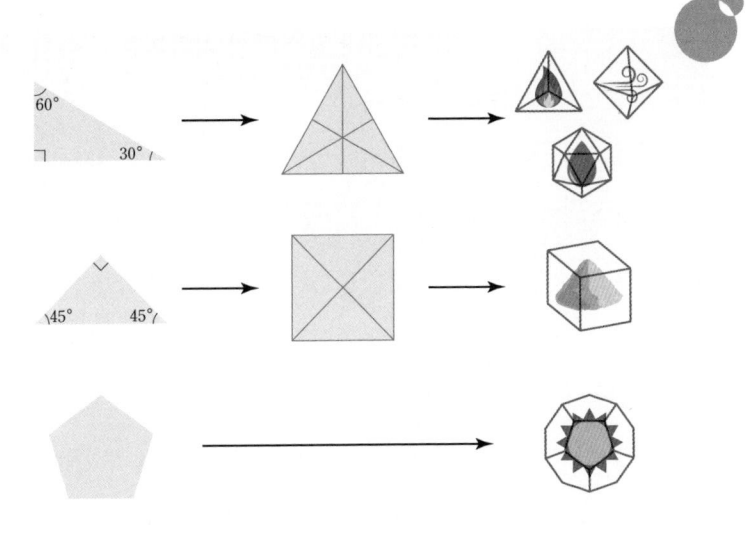

플라톤이 생각한 우주의 기본 원소들

다고 봤죠. 따라서 흙이 가장 불활성적이고 변환되기 어렵다는 사실은, 정육면체라는 기하학적 특성으로부터 자명하게 설명됩니다.

더 재미있는 건 정오각형으로 이루어진 정십이면체입니다. 정오각형은 플라톤이 물질의 기본 요소라고 생각했던 두 개의 직각삼각형으로 만들어질 수 없기 때문에 정십이면체는 매우 고귀한 원소에 대응하며, 따라서 정오각형은 천상계를 구성하는 원소가 됩니다. 즉, 지상에 있는 물체를 구성하는 기본 원소는 두 직각삼각형이고 천상에 있는 천체를 구성하는 원소는 정오각형이라는 거죠. 이와 같이 플라톤은 만물의 가장 기본이 되는 구성 원소는 실체적인 물질이 아니라 인간의 의식에 존재하는 기하학적인 개념이라고 본 겁니다.

마침내 발견되길 기다리는 수학적 구조

플라톤이 자연을 바라보는 이와 같은 관점은 수학을 이용하여 자연을 기술하는 현대물리학과 많은 부분을 공유하고 있습니다. 20세기 양자역학의 탄생에 가장 큰 공헌을 했던 하이젠베르크(1901~1976)도 『부분과 전체』에서 자신이 양자역학 연구에 뛰어들게 되는 과정을 소개할 때 플라톤을 언급합니다. 수학적으로 추상화된 형상으로서의 기본 원소에는 동의하지 않지만 플라톤의 가장 기본적인 생각, 즉 만물을 구성하는 근본 입자 혹은 수학적 개념이 존재한다는 믿음에 동의한다고요.

또한 물질세계를 구성하는 궁극적 기본 요소를 감각적으로 포착할 수 없는 수학적 구조물로 파악하려는 플라톤의 의도는 현대 입자물리학과 맥락을 같이합니다. 현대 입자물리학의 표준모형에서는 렙톤과 쿼크, 그리고 게이지 보손과 같은 기본 입자들을 물질을 구성하는 데 가장 근본이 되는 입자로 분류하고 있는데, 이들은 더 이상의 내부 구조가 없는 물질을 말합니다. 즉, 크기가 0인 점입자를 말하죠. 빛의 알갱이인 광자의 질량도 0입니다. 크기와 질량이 0인 입자? 그런 게 '존재'한다는 것을 이해할 수 있나요? 이를 설명하기 위해 표준모형에서는 이와 같은 입자들을 공간을 가득 메우고 있는 다양한 형태의 장field의 들뜸excitation으로 기술합니다. 예컨대 전자는 전자장, 광자는 전자기장의 들뜬 상태를 나타낸다는 겁니다. 이와 같은 이론을 양자장론Quantum field theory이라고 하고요. 이는 순전히 수학적인 형태로, 직관적으로 이해하기 어렵죠.

1장. 과거: 권위를 부수고 자라다

플라톤의 수학적 형상인 두 직각삼각형을 각각 표준모형의 기본 입자에 직접 대응시킬 수 있다는 주장도 있습니다. 렙톤이나 쿼크와 같이 물질을 이루는 기본 입자는 직각이등변삼각형에, 입자들 사이에 힘을 전달하는 역할을 할 뿐 스스로 물질을 구성하지는 않는 게이지 보손은 특수직각삼각형에, 그리고 신의 입자라고 불리는 힉스 입자는 정오각형에 대응한다고 생각하면 흥미롭긴 하죠. 하지만 실험으로 증명되지 않았기 때문에 이는 단지 플라톤과 현대 입자물리학을 재미있게 연결하기 위한 예시 차원으로 받아들이는 편이 좋을 것 같습니다.

어쨌든 만물의 근본 이치를 다루는 물리학의 궁극에 수학적 형상의 본질이 자리하고 있다는 플라톤의 믿음은 이제 당연하게 받아들여집니다. 그간 물리학이 발전해 오면서 수많은 자연현상들이 철저하게 수학 법칙을 따른다는 사실이 지속적으로 밝혀졌으니까요. 비록 플라톤 스스로는 특정한 자연현상을 설명하기 위한 방법론으로서의 자연철학을 구축하지는 않았지만 그가 가졌던 궁극적인 믿음은 오늘날까지도 이어지고 있습니다.

블랙홀을 이론적으로 예측한 공로로 2020년 노벨 물리학상을 수상한 수리물리학자 로저 펜로즈(1931~)는 수학적 아름다움은 단순히 물리적 현상과 연관되어 있는 것을 넘어 인간의 정신을 초월하는 실재성을 가진다고 주장합니다. 자연현상처럼 아름다운 수학적 구조가 이데아에만 머물러 있는 게 아니라 실제로 존재하며, 수학자들과 물리학자들이 자신을 발견해 주길 기다리고 있다는 거죠. 그에 따르면 인간의 이

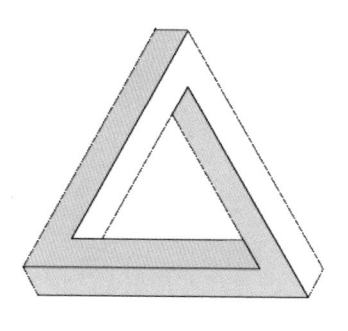

입체처럼 보이지만, 2차원 그림으로만 구현할 수 있는 '펜로즈 삼각형'

성을 뛰어넘어 본디 우주에 존재하는 수학을 발견하는 일은 물리적 실체를 발견하는 일과 정확히 일치합니다.

실제로 펜로즈는 물리학뿐만 아니라 수학에도 탁월한 능력을 발휘했죠. 그는 실재하는 거대한 수학의 일부는 인간이 인식할 수 있는 자연과 닿아 있기 때문에, 이론물리학자들이 그 분야를 탐구함으로써 물리적 실체에 다가갈 수 있다고 주장합니다.

우주라는 가장 커다란 '책'의 언어

수학과 물리학의 연관성에 대한 두 번째 관점은 수학이 자연을 이해하기 위한 (단 하나뿐인) 언어라는 겁니다. 플라톤 이후 이 관점이 등장하기 전까지는 인간의 감각적 경험을 바탕으로 수학과 실험을 배제한

아리스토텔레스의 학설이 주류를 이루고 이것이 신학과 결합하여 중세 사회를 지배하게 됩니다. 그 때문에 근대과학은 16세기가 되어서야 등장한다고 볼 수 있죠. 특히 갈릴레이는 자연이 수학이라는 보편적 언어로 기술될 수 있으며 엄밀히 설계된 실험을 통해 검증할 수 있다는 것을 최초로 간파한 과학자입니다. 그는 1623년 출판한 『분석자』라는 저서에서 다음과 같이 말합니다.

> 철학은 눈앞에 끊임없이 펼쳐져 있는 이 가장 커다란 책[우주]에 쓰여 있다. 하지만 먼저 언어를 이해해 거기 쓰여 있는 문자를 해독하는 법을 배우지 않으면 읽지 못한다. 그 책은 수학의 언어로 쓰여 있고 문자는 삼각형, 원, 기타 기하학 도형이며, 이러한 수단이 없다면 인간의 힘으로는 그 말을 이해할 수 없다.◆

갈릴레이의 뜻을 이어받은 뉴턴은 자연을 수학으로 기술하는 데 최초로 성공하며 물리학의 뼈대를 세웠습니다. 그의 역작이자 모든 과학사를 통틀어 최고인 저서가 『자연철학의 수학적 원리』라는 사실만 보더라도 수학이 과학과 불가분의 관계에 있으며 수학이라는 언어를 통해 자연을 해독할 수 있다는 물리학의 본질을 알 수 있습니다. 특히 뉴턴은 미적분학이라는 놀라운 수학적 언어를 통해 물체의 운동에 숨겨

◆　　노에 게이치, 『과학 인문학으로의 초대』 이인호 역, 오아시스, 2017, 71쪽 재인용.

진 원리를 성공적으로 규명할 수 있었습니다.

수학적 원리를 통해 자연과 우주를 기술하려는 뉴턴의 노력은 이후 프랑스의 수학자이자 물리학자였던 라플라스, 라그랑주, 쿨롱, 앙페르 등에게 큰 영향을 미쳤고 근대 물리학의 성립에 큰 역할을 하게 됩니다.

이 외에도 수학자들이 자연과 상관없이 발견했던 이론이나 함수 들이 물리학의 언어로 사용된 예는 매우 많습니다. 앞서 언급한 리만기하학이나 위상수학이 아인슈타인의 중력이론과 현대 응집물질물리학의 수학적 뼈대가 된 것처럼요. 양자역학에서 대칭 이론의 기초를 정립하고 원자핵의 구조에 대해 중요한 업적을 남겼던 헝가리 출신의 미국 이론물리학자 유진 위그너(1902~1995)는 그의 유명한 에세이 「자연과학에서 수학의 기적 같은 효과」(The Unreasonable Effectiveness of Mathematics in the Natural Sciences, 1960)에서 수학이 어째서 자연현상을 정확히 기술하는지 밝히며 물리학과 수학의 기적 같은 조화는 하늘에서 뚝 떨어진 선물과 같다고 말하기도 했습니다.

이와 같이 수학이라는 언어를 통해 기술되는 물리법칙들은 대상이 어떠한 방식으로 거동하는지에 대한 근본 원리를 말해 줄 뿐 그 자체가 자연현상을 그대로 보여 주지는 않는다고 앞서 언급했는데, 여기서 우리는 물리학이 추구하는 설명 방식에 주목할 필요가 있습니다. 즉, 물리학을 연구한다는 것은 수학 방정식에 의해 표현되는 원리에 따라 동작하는 자연과 우주를 기술하는 세계관을 가진다는 뜻입니다. 우주에 내재된 원리가 수학 방정식에 의해 표현되는 세계, 저는 이것 역시 플라톤

이 제시한 이데아적 본질과 일맥상통하는 부분이 있다고 생각합니다.

이렇듯 수학은 그 자체가 하나의 고결한 목표이자 완결된 체계이면서, 동시에 자연과 대화할 수 있는 단 하나뿐인 언어입니다. 비유하자면 물리학자가 자연을 탐구하는 것은 고고학자가 유적에서 발견된 고대 문자를 해독하는 작업과 비슷합니다. 고대이집트 시대를 이해하려면 당대 문자를 해독해야 하듯이 자연을 해독하려면 수학을 알아야 하는 거죠. 혹자는 자연은 자신의 거동에 관한 규칙을 수많은 방식으로 표현하고 있지만 인간이 그 방식을 해독할 수 있는 언어가 오직 수학뿐인 거라고 말하기도 합니다.

물리학은 자연을 기술하는 데 수학이라는 언어를 사용할 수밖에 없기 때문에 어렵게 느껴지지만, 한편으로는 그렇기 때문에 사람들이 가장 신뢰하는 학문이 되기도 했습니다. 인간의 보편적 논리 체계인 수학으로 대상을 기술한다는 점에서 의심의 여지가 없기 때문이죠.

물론 고대이집트 시대를 해석하기 위해 모든 일반인이 고대 문자를 이해할 필요는 없으며, 고고학자들이 해독한 내용을 일반인들에게 설명해 주면 됩니다. 이와 마찬가지로 물리학자들은 자신들이 수학을 통해서 밝혀낸 자연의 비밀을, 가급적이면 수학을 직접 이용하지 않으면서 일반 대중에 전달할 수 있도록 각고의 노력을 기울이고 있습니다. 수학 방정식 하나면 말끔히 설명할 수 있는 자연현상을 일반 언어로 설명한다는 것이 쉬운 일은 아니죠. 따라서 이 책을 포함해 시중에 나와 있는 대부분의 물리학 관련 교양 서적들은 되도록이면 수학을 빼고 일반

대중에 다가가기 위한 눈물겨운 노력의 결정체라고 할 수 있습니다. 수학이라는 언어로 쓰여 있는 우주의 원리를 수학 없이 설명하는 것은 꽤나 고된 작업일 테니까요.

물리적 실체를 '미리 보는' 수학

수학과 물리학의 연관성을 말하는 세 번째 관점은, 수학이 단순히 자연을 해석하는 언어로 사용되는 것을 뛰어넘어 인간의 감각으로 경험하지 못하는 물리적 실체를 예측하며 대상의 본질을 꿰뚫어 볼 수 있는 현미경의 역할을 해 왔다는 겁니다. 아름다운 수학 이론이 물리적 실체를 예측하고 그것이 나중에 실험적으로 검증된 수많은 예들이 있습니다.

전자기 현상을 통합한 19세기 가장 위대한 물리학자 맥스웰은 패러데이(1791~1867)에 의해 제안된 '장^{field}'이라는 개념을 수학적 실체로 확립했습니다. 이 '장'이라는 실체는 비록 우리의 감각으로 직접 느낄 수는 없지만 수학적으로 발견된 가장 근본적인 물리적 대상으로서 현대물리학의 발전에 중대한 역할을 합니다. 전기장과 자기장의 거동으로 구성되어 거의 완벽한 대칭을 이루는 그의 방정식은 당시까지만 해도 미지의 대상이었던 빛이 전기장과 자기장의 파동, 즉 전자기파라는 실체를 명확하게 보여 주었습니다. 이에 대한 맥스웰의 예측은 얼마 후

실험으로 검증되면서 인류는 빛에 대해 (적어도 고전적으로는) 완벽히 이해할 수 있게 되었죠. 실제로 아인슈타인은 맥스웰을 평생 존경했으며, "물리학은 맥스웰 이전과 이후로 나뉜다"라는 말을 남기기도 했습니다.

또한 20세기 영국의 물리학자 폴 디랙(1902~1984)은 1928년 특수상대성이론과 슈뢰딩거방정식을 결합하여 얻은 디랙방정식을 통해 반입자Anti-particle를 예측합니다. 반입자란, 소립자와 물리적 성질은 같지만 전하 등이 반대인 소립자를 말하죠. 소립자와 그 반입자가 만나면 높은 에너지가 발생하며 질량이 0인 광자로 변환됩니다. 그는 행렬이라는 수학의 형식을 사용해서 얻은 디랙방정식을 풀면 그 해 중에 음의 값을 갖는 에너지가 나타나는데, 이것이 반입자가 될 수 있다고 주장하죠.

그로부터 불과 2년 뒤, 캘리포니아 공과대학에 있던 칼 데이비드 앤더슨(1905~1991)이 전자의 반입자인 양전자를 발견합니다. 이로써 디랙의 이론은 우리가 보는 모든 물질은 각각 대응하는 반물질을 가진다는 원리로 확장되고, 1950년대 중반에 반양성자, 반중성자 등이 발견되면서 디랙은 우주를 구성하는 물질의 절반을 예측한 과학자가 되었습니다. 또한 그의 업적은 순수한 수학적 이론이 물리적

슈뢰딩거와 함께 1933년
노벨 물리학상을 수상한 폴 디랙

실체를 정확하게 예측할 수 있다는 가장 훌륭한 예시가 되었고요.

한편, 디랙 이후 최고의 입자물리학자 중 한 명으로 평가받는 미국의 머리 겔만(1929~2019)은 1965년, 입자물리학자들을 골치 아프게 했던 기본 입자에 대한 난제를 수학의 한 분야인 군이론group theory을 통해 해결합니다. 그는 군이론의 아름다운 대칭성을 기반으로 쿼크라는 기본 입자를 예측했는데, 특히 세 개의 쿼크로 이루어진 오메가 중입자라는 것이 반드시 존재해야 한다고 주장했습니다. 불과 몇 년 후, 이 입자가 실제 실험으로 발견되면서 수학이 물리적 실체를 예견할 수 있다는 믿음을 더욱 크게 심어 주게 됩니다.

물리적 실체와 연관되어 있지만 아직 해결되지 않은 대표적인 수학 문제를 하나만 더 소개하겠습니다. 바로 소수에 관한 수학 이론입니다.

소수, 즉 1과 자신 이외의 자연수로는 나눌 수 없는 자연수가 2, 3, 5, 7, 11…로 배열된다는 사실은 다들 알고 있지만, 이와 같은 소수의 배열이 어떠한 규칙성을 보이는지에 대해서는 제대로 증명된 것이 없었습니다. 그러다가 스위스 출신의 위대한 수학자 레온하르트 오일러(1707~1783)가 소수를 이용한 방정식을 하나 얻게 되는데, 뜬금없이 원주율 π가 튀

2012년 프랑스 니스의
ICRANet에서 강연하는 머리 겔만

1장. 과거: 권위를 부수고 자라다

어나온다는 사실을 발견하죠.

$$\frac{2^2}{2^2-1} \times \frac{3^2}{3^2-1} \times \frac{5^2}{5^2-1} \times \frac{7^2}{7^2-1} \times \frac{11^2}{11^2-1} \times \ldots = \frac{\pi^2}{6}$$

소수에 관한 식을 얻었는데 왜 갑자기 원을 상징하는 원주율이 등장할까요? 오일러는 굉장히 흥분했고 소수에 관한 규칙을 얻을 수 있을 것으로 생각했지만 완전한 결론을 얻는 데 실패하죠.

그로부터 약 100년 뒤인 1859년 독일의 수학자 리만은 오일러와 같은 의문을 품고 소수로 구성된 제타함수를 정의합니다. 그리고 이 함수가 0이 되는 (자명하지 않은) 해의 실수부는 모두 2분의 1일 것이라는 가설을 제안하죠.

$$\zeta(s) = \frac{2^s}{2^s-1} \times \frac{3^s}{3^s-1} \times \frac{5^s}{5^s-1} \times \frac{7^s}{7^s-1} \times \frac{11^s}{11^s-1} \times \ldots = \prod_p \frac{p^s}{p^s-1}$$

실제로 리만이 찾아낸 자명하지 않은 네 개의 해는 모두 그 실수부가 2분의 1이었습니다. 만약 그의 가설이 맞는다고 증명된다면, 궁극적인 소수의 규칙을 찾을 수 있게 되는 거죠. 리만 가설이 등장한 이후로 수많은 수학자들이 이 문제를 증명하기 위해 도전했지만 결국 모두 실패합니다. 그중에 가장 괄목할 만한 성과는 영국의 수학자 고드프리 하디(1877~1947)가 한 직선 위에 무한히 많은 해가 있다는 것을 증명한 것이었죠. 하지만 직선 밖에 해가 있다는 것을 배제하지 못했기 때문에 완

벽한 증명은 아니었습니다. 그러던 와중에 1972년 미국의 수학자 휴 몽고메리(1944~)는 당시 이론물리학자로서 명성을 날리던 프리먼 다이슨(1923~2020)과 티타임을 갖게 되는데, 이때 자신이 연구하던 제타함수에 대해 이야기합니다. 당시 몽고메리는 제타함수의 자명하지 않은 해들 사이의 간격 분포에 대해 연구하고 있었고, 두 해 사이의 간격이 u일 확률 R(u)을 다음과 같이 표현했습니다.

$$R(u) = 1 - \left(\frac{\sin(\pi u)}{\pi u}\right)^2$$

이 관계식을 본 다이슨은 자신이 연구하던 원자핵의 불규칙한 에너지준위(원자 및 분자가 갖는 에너지의 값) 분포를 나타내는 식과 정확하게 동일하다는 것을 알아차리고 매우 놀랍니다. 소수와 양자역학이라는, 완전히 별개의 학문으로 여겨지던 연구 분야들이 의외의 지점에서 접점을 보였기 때문이죠. 이는 결코 우연이 아닙니다. 수학이 물리적 실체를 예상해 왔던 역사를 생각해 본다면, 이와 같은 일치는 필연적인 관계성을 내포하고 있다고 볼 수 있죠. 따라서 리만이 제기했던 질문, '제타함수의 자명하지 않은 해는 모두 일직선상에 있는가?'에 답할 수 있다면 소수의 규칙을 알아내는 것은 물론이고, 수학이 우주의 또 다른 비밀을 풀게 되는 가장 큰 업적이 될 겁니다.

수학과 물리학의 연관성에 대해 이렇게 세 가지 관점으로 분리하긴 했지만 이 관점들 모두 결국 플라톤이 가장 중요시했던 '수학적 구조물이 만물의 근본과 연결된다'는 사고와 이어집니다. 그러한 면에서 수학 역시 발명되는 것이 아니라 발견되는 것이 아닐까 싶습니다.

물리학자들 중에서도 수학의 중요성을 가장 극단적으로 설파했던 폴 디랙은 물리학의 발전을 위한 최상의 방법은 근본적인 이론에 대한 수학적 토대를 찾는 일이라고 주장했습니다. 그는 기존의 이론을 좀 더 다듬거나 새로운 영감을 찾기 위해 실험적이고 특이한 발견에 의존하기보다는, 수학적 상상력을 기반으로 한 혁명적인 이론 체계를 세워야만 진정으로 우주의 작동 원리를 밝혀낼 수 있을 거라고 믿었죠. 특히 자연의 근본적인 법칙들을 수학적 형식으로 표현하고자 한다면 그 수학적 아름다움을 얻기 위해 애써야 하며, 아름다움에 대한 부차적인 방법으로 단순함 역시 고려해야 한다고 역설하기도 했습니다. 물리법칙은 자연의 근본을 설명해야 함은 물론이고, 수학적 아름다움까지 반드시 갖추고 있어야 한다는 거였죠.

디랙이 궁극적으로 도달하고자 했던 물리학의 역할은, 추상적이고 완벽한 수학적 묘사를 통해 자연을 기술하는 것만이 진리에 도달하는 길이라고 역설했던 플라톤의 정신과 맞닿습니다. 기존의 관념을 뒤집는 새로운 자연현상의 원리를 밝히는 일은 인간의 이성적 사유로부터

비롯되어야 한다는 신념이, 이처럼 수학적 영감에 대한 극단적인 확신으로 이어진 겁니다. 디랙에 따르면 이론 물리학자는 실험실에서 관찰된 어떤 결과에 의존하는 것이 아니라, 순수수학을 동원하여 새로운 현상을 설명할 수 있는 수학적 형식 체계를 엄밀하게 세우고 이를 일반화해야 합니다.

디랙은 물론이고 흔히 수학적 이론에 대해 '아름답다'는 표현을 자주 사용하는데 이게 무슨 뜻일까요? 수학과 미학이 관련 있는 것일까요? 적어도 물리학에서 말하는 수학적 아름다움은 '단순성'과 '대칭성'으로 대변될 수 있습니다. 실제로 새로운 과학적 진리를 찾는 여정에서 이러한 수학의 미적 기준은 중요한 길잡이 역할을 해 왔습니다. 물리학 이론에서 예기치 않은 수학적 아름다움이 발견되면, 그 이론은 필히 자연과 우주를 설명하는 틀이 된다고 여겨졌죠. 대칭성과 같은 수학적 아름다움은 물리법칙을 발견하는 매우 중요한 요소로서 물리학의 발전에 엄청난 역할을 하기도 했고요. 이는 결국 만물은 수로 구성되어 있으며 우주의 운행은 수학적 법칙에 따른다는 피타고라스학파의 주장, 그리고 그것을 계승한 플라톤의 수학적 이상향(이데아)이 물리법칙의 이상향과 맞닿아 있다는 사실로 되돌아옵니다.

수학은 플라톤의 이상향 중에서도 특히 '진리'와 연관되는데, 이 진리는 아름다움을 포함합니다. 그래서 철저한 수학 법칙에 의해 움직이는 '우주'를 탐구하는 물리학자들은 그 수학에 내재되어 있는 아름다움을 찾는 것이 곧 우주의 작동 원리를 찾는 것과 같다고 생각한 적도 있

지동설(왼쪽, 안드레아스 셀라리우스 작)과 천동설(오른쪽, 요하네스 반 룬 작)을 표현한 작품

습니다. 16세기 과학혁명기의 시작을 알린 코페르니쿠스가 지동설(태양 중심설)을 주장하게 된 동기도, 관측된 사실적 증거가 아니라 수학적 아름다움이었습니다. 프톨레마이오스의 천동설에 등장하는 수많은 원과 복잡한 궤적이 우주의 본질이 아닐 거라는 믿음, 수학적으로 훨씬 간단한 궤적을 따라 움직이는 별이 더 우주의 진리에 가까울 거라는 믿음이 과학혁명의 씨앗이 된 겁니다.

노벨상 대신 필즈상을 받은 물리학자

그렇다면 수학과 물리학의 가장 큰 차이는 무엇일까요? 앞서 디랙은 물리학 이론을 이루는 수학적 구조의 아름다움을 역설하며 수학의 중요성을 누구보다 강조했다고 했죠? 디랙이 플라톤의 정신을 이어받

은 것은 맞지만, 물리학자로서의 그는 플라톤과 결정적인 차이점이 있었습니다. 수학적 토대를 구축하여 지금까지 보지 못했던 현상들을 예측하는 이론 체계가 진정한 물리학 이론으로 자리잡기 위해서는 실험적 결과들을 참고해야 하며, 결국에는 실험적으로 입증이 되어야 한다고 주장한 점입니다. 물리학 이론 중에서 수학적 아름다움의 끝판왕이라는 극찬을 받는 디랙방정식마저, 자연현상을 완벽하게 설명하는 것이 먼저이고 수식의 아름다운 미학적 구조는 그다음이었죠.

현존하는 최고의 이론물리학자라고 할 수 있는 에드워드 위튼(1951~)은 필즈상을 수상한 유일무이한 물리학자입니다. 그는 양자장론이라 불리는 물리학 이론을 저차원 위상수학에 응용함으로써 위상학적 양자장론을 창시했는데, 그 여파가 이후의 수학 발전에 지대한 영향을 미쳤기 때문에 수학 분야의 노벨상이라 불리는 필즈상을 수상하게됩니다. 특히 그는 1995년 M-이론이라 불리는 새로운 이론을 정립하면서 초끈이론의 2차 혁명을 이끌게 되는데, 그의 이론 덕분에 현재 초끈이론은 물리학에서 '최종이론'의 중요 후보 지위를 유지하고 있습니다. 하지만 그의 혁명적인 이론도 실험으로 검증되기에는 아직 부족합니다. 필즈상을 받은 그가 노벨 물리학상을 받지 못한 이유가 바로 여기에 있죠. 그의 경우도 역시 수식의 아름다움이 결코 실험과의 일치성보다 우선순위에 있지 않다는 것을 보여 줍니다. 단순성과 일관성, 그리고 대칭성으로 대변되는 수학적 우아함은 물리 이론에 필요한 요소일지는 모르지만 결코 충분조건이 될 수는 없습니다. 다시 말해, 수학적 아름다

움은 진리를 담보하는 필요충분조건이 아니라는 거죠.

수학적 아름다움에 취해 자연의 진실을 보지 못하는 우를 범했던 대표적인 예로 천체의 원운동을 생각해 볼 수 있습니다. 천상계는 고귀하고 완전하기 때문에 모든 천체는 기하학적으로 완전한 원운동을 한다고 여겨졌습니다. 이 관념은 플라톤과 아리스토텔레스에 의해 고대부터 확고한 자연철학적 원리로 자리매김했고 얼마 후 프톨레마이오스의 천동설을 통해 수학적으로 정립되어 중세 시대까지 약 2,000년간 이어졌습니다. 이유는 딱 하나입니다. 원이라는 도형이 수학적으로 완벽했기 때문입니다. 수학적으로 아름답고 우아하고 대칭적인 원운동으로 기술되는 천상계가 절대 진리로 군림하며 천문학을 지배했던 거죠.

하지만 이 아름다운 원궤도 기반의 우주 모형은 관측 결과와 일치하지 않았습니다. 그런데도 끈질기게 살아남아 있다가, 마침내 케플러가 타원궤도를 도입하면서야 폐기되었죠. 케플러 자신조차도 이러한 결과를 받아들이느라 무척 괴로워했다고 전해집니다. 이는 물리학에서 발견된 우주의 법칙은 엄밀한 수학 이론만으로는 부족하며, 그 이론을 입증할 수 있는 정밀한 실험적 결과가 반드시 수반되어야 한다는 것을 뜻합니다. 제아무리 아름답고 우아한 수학 이론도 자연현상 또는 실험 결과와 일치하지 않는다면 물리 이론으로서의 지위를 절대로 누릴 수 없습니다. 노벨 물리학상이 실험으로 검증되지 않는 이론에 수여되지 않는 것도 그 때문이죠.

힉스 입자, 중력파, 블랙홀의 공통점

몇 가지 대표적인 예가 있습니다. 1964년 영국의 물리학자 피터 힉스(1929~)가 소립자의 질량 획득 과정을 설명하기 위해 제안한 힉스 메커니즘을 들 수 있죠. 이는 입자물리학의 표준모형을 성립하는 데 반드시 필요한 수학적 이론으로 평가받았습니다. 실험적으로 규명되지는 않았지만 이론물리학자들은 힉스 메커니즘을 기반으로 이미 수많은 논문을 발표하고 있었죠. 그러나 아무리 힉스 메커니즘이 엄밀한 수학적 이론으로서 표준모형의 핵심이 된다고 하더라도 그를 실질적으로 증명할 수 있는 힉스 입자가 발견되지 않는다면 물리학적으로는 아무 의미가 없을 뿐만 아니라, 그의 이론을 사용하여 발표된 논문들도 폐기 처분당할 수 있었습니다. 그래서 물리학자들은 이 입자의 존재성을 반드시 밝혀내야만 했죠.

그리하여 10조 원이 넘는 천문학적인 돈을 투자해 만든 거대한 대형 강입자 충돌기(LHC)를 이용한 실험을 통해, 이론이 나온 지 48년 만인 2012년에 마침내 힉스 입자를 발견하게 됩니다. 그제야 피터 힉스는 이듬해 노벨 물리학상을 수상하는데, 자신의 연구 결과가 발표된 지 49년 만이었습니다.

그리고 아인슈타인이 1916년 일반상대성이론을 통해 수학적 이론으로 예측했던 중력파가 2016년 무려 100년 만에 발견되었습니다. 미

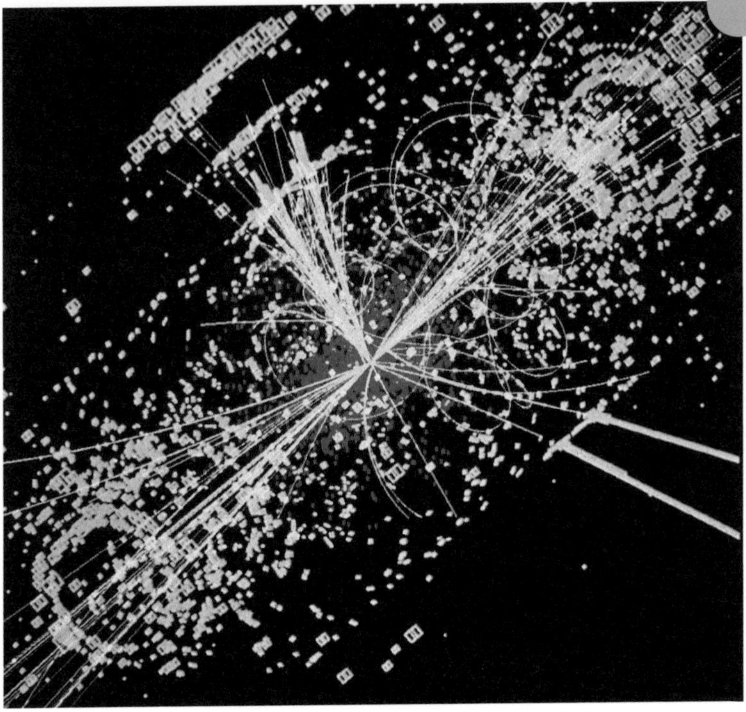

힉스 입자 생성의 시뮬레이션 이미지

국에 설치된 레이저 간섭계♦ 중력파 관측소, 일명 라이고(LIGO)를 통해
서였죠. 아인슈타인이 당연히 두 번째 노벨상을 받을 차례였지만, 안타
깝게도 그는 이미 세상을 떠난 뒤였습니다.

　2020년 노벨 물리학상은 로저 펜로즈를 비롯한 블랙홀 연구자 3인

♦　　같은 광원에서 나오는 빛을 두 갈래 이상으로 진행시킨 뒤에, 빛이 다시 한 점에서 만났을 때
　　파동이 어떻게 변화하는지 관찰하기 위한 장치. 처음 개발한 사람의 이름을 딴 마이컬슨 간섭
　　계, 마하-젠더 간섭계, 페브리-페로 간섭계 등 여러 종류가 있다.

이 수상했는데요. 펜로즈는 1965년에 일반상대성이론의 중력장 방정식을 풀어서 블랙홀을 이론적으로 예측했고, 그 이후 1990년대 초반부터 2010년대 후반까지 20년 넘는 기간 동안 정밀한 측정을 통해 우리 은하 중심부 블랙홀의 존재를 입증한 겁니다. 수학적 이론이 실제로 검증되어 노벨상을 받기까지 걸린 시간이 무려 55년으로, 펜로즈는 그 전까지 최장 기록이었던 찬드라세카르의 53년 기록을 갱신하게 됩니다. 인도의 물리학자인 찬드라세카르는 1930년에 백색 왜성의 질량이 태양 질량의 1.44배를 넘을 수 없다는 찬드라세카르 한계에 관한 결과를 발표하고 이를 인정받아 1983년에 노벨 물리학상을 받았거든요.

이와 같이 물리학은 자연과학이기 때문에 아무리 시간이 걸리더라도 반드시 실험적 증거가 필요합니다. 물리학을 떠받치는 두 기둥, 즉 수학적 이론과 실험적 증거가 일치되는 결과를 보여 줄 때 비로소 물리 법칙이 성립됩니다.

대다수 사람들이 물리학이 어렵다고들 하는 것은 이렇게 수학적 체계 위에 실험적 증거까지 무장하고 있기 때문일 겁니다. 따라서 아무나 전공할 수 없고 천재급 인재들만 공부할 수 있다는 (잘못된) 인식이 형성된 것도 어찌 보면 당연합니다. 수학만 생각해 보더라도 세대를 초월해 학창 시절 우리를 가장 힘들게 한 과목이었다는 데 대부분 동의할 겁니다. 지금도 수학은 어렵고 무미건조하며 대학에 진학하기 위해서 어쩔 수 없이 공부해야 하는 과목으로 인식되고 있죠. 특히 한국에서 학교교육을 통해 수학을 접했던 대다수의 사람들에게 수학이라는 학문은 과

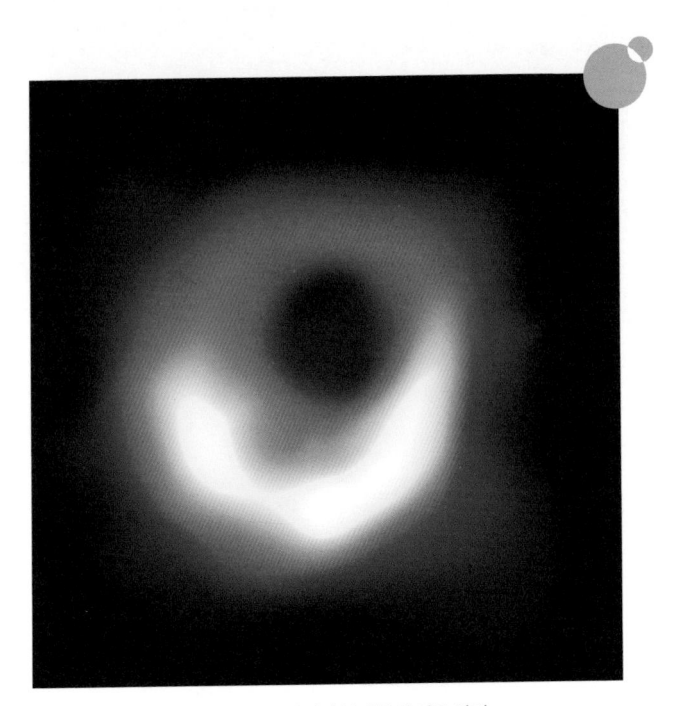

2019년 4월에 촬영된 블랙홀의 최초 사진

학자나 공학자, 그리고 금융업자 들이 자기 일의 수단으로 사용하는 일종의 기술에 불과하며, 그것과 무관한 분야에 있다면 그저 어렵고 따분한 학문이라는 인식이 널리 퍼져 있습니다. 이렇게 수학 자체로도 골치가 아픈데 과학 현상을 수학으로 설명하려는 물리학은 말해 무엇하겠습니까? 그래서 아마 물리학을, 어쩌면 수학보다 더 어려운 과목 또는 학문 분야로 인식하는 것 같습니다.

하지만 그러한 인식은 대부분 잘못된 편견에서 비롯된 거라고 생각합니다. 실제로 고등학교 물리 교과서에 나오는 모든 수학 공식은 대부분 중학교 수준을 벗어나지 않거든요. 물리학을 역사와 철학을 아우르

는 총체적인 학문으로 인식하는 것이 아니라, 자신에게 주어진 시험에서 만족할 만한 점수를 받기 위한 수단으로 생각하면 마냥 어려울 수밖에 없습니다. 이는 비단 물리학만의 문제도 아니죠. 한국의 대부분 과목들에서 문제를 푸는 공식을 외우는 방식으로 교육이 이루어지는 한, 물리학에 대한 오해는 사라지기 어려울 겁니다.

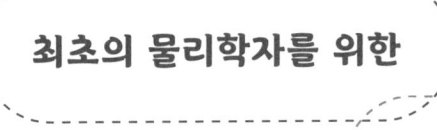

최초의 물리학자를 위한 변론

자연에 최초로 질문을 던지다

고대 그리스의 철학자이자 사상가로, 플라톤의 제자이면서 알렉산더대왕의 스승이기도 했던 아리스토텔레스를 바라보는 다양한 관점이 있습니다. 철학이나 윤리학에서는 그의 권위가 지금까지 이어지고 있으며 그가 주장했던 내용들이 상당한 영향력을 미칩니다. 하지만 앞서 이야기했듯이 과학 영역에서는 그의 학설이 근대과학 탄생의 가장 큰 방해물로 간주되고 중세의 학문적 암흑기의 원흉으로 낙인찍히며 매우 박한 평가를 받는 경향이 있죠.

물론 과학과 관련한 그의 학설 대부분은 이제 모두 사실이 아니라는 게 밝혀졌기 때문에 그렇게 생각할 수도 있습니다. 감각과 경험에 기반한 채 실험을 배격한 그의 학설은 위대한 철학자라는 수식어가 무색

할 만큼 너무나 단순하면서 근시안적이고 망상에 가까운 내용들로 판명되었으니까요.

하지만 늘 그렇듯이 우리가 어떤 인물의 업적을 평가할 때는 지금의 기준이 아니라 당시 그가 살았던 시대를 기준으로 생각해야 하며 그에 대한 파급효과 역시 좀 더 면밀하게 분석해야 합니다. 진정한 의미의 근대과학은 16세기 이후 갈릴레이와 뉴턴 시대에 탄생하지만, 그들이 그토록 극복하고자 했던 거대한 이론적 장벽을 구축한 아리스토텔레스의 학설과, 그가 진정으로 밝혀내고 싶어 했던 진리, 그리고 그 목적을 향한 방법론에 대해 다시 한번 살펴보고 재평가할 수 있는 부분을 찾는 일 또한 중요하다고 생각합니다.

아리스토텔레스는 자연철학을 비롯한 논리학, 수사학, 정치학, 형이상학, 식물학 등을 두루 연구한 당대 가장 영향력 있는 학자였을 뿐만 아니라, 플라톤과 더불어 그의 모든 이론과 사상은 이후 천 년 동안 계승되면서 중세 유럽의 역사와 문화, 종교를 지배했습니다.

특히 자연철학 분야에서 아리스토텔레스는 플라톤과 결별하며 그만의 과학적 방법론을 구축하게 되는데요. 가장 중요한 업적은 플라톤이 집착했던 기하학적 형상에서 벗어나 실제적이고 경험적인 사실로부터 일관된 자연의 작동 원리를 발견하려는 접근 방식을 정립한 겁니다. 플라톤의 제자였던 만큼 스승의 이원론적 사고 체계는 받아들였지만 자연현상을 해석하는 방법론만은 완전히 달리한 거죠.

추상적이고 완벽한 기하학적 형상이 '참된 실재'라고 본 플라톤과

달리, 아리스토텔레스는 경험과 감각으로 파악되는 물질세계가 기본적인 실재이며 우리가 이해해야 하는 대상이라고 주장합니다. 즉, 플라톤이 경시했던 경험적 자연철학에 정당한 권위를 부여하고, 모든 물체의 개별적인 성질과 특성에 대한 감각과 경험으로부터 반복되는 규칙과 패턴을 도출하는 방식으로 자신만의 이론 체계를 만들어 내죠. 그리고 마침내 자연에 대한 연구를 집대성한 『자연학』이라는 저작을 통해 물질세계에 대한 체계적인 이론을 최초로 정립합니다. 그는 이 책을 통해 플라톤이 수학적 추상성에 갇혀서 묻지 않았던 자연현상의 본질, 즉 우주의 진리에 대해 스스로 질문을 던집니다. 이를테면 만물의 운동에 대해 그가 가졌던 의문은 다음과 같은 것들입니다.

왜 태양과 달은 뜨고 지는 것일까?

왜 별들은 원을 그리면서 도는 것일까?

왜 손을 떠난 돌멩이는 아래 방향으로만 떨어지는 것일까?

왜 위로 던져진 돌멩이는 올라가다가 어느 순간 방향을 바꾸어 다시 아래쪽으로 나아가는 것일까?

아리스토텔레스는 다양한 현상을 분석해 가설을 세우고 이를 통해 보편적인 법칙을 도출하여 더욱 복잡한 현상을 설명하려고 시도했는데, 이는 실제로 뉴턴이 추구했던 방식과 매우 유사합니다. 학설의 내용을 떠나서, 보편적 자연법칙을 도출하기 위해 체계적인 과학적 방법론

을 최초로 도입한 사람을 플라톤이 아닌 아리스토텔레스로 보는 것은 바로 이 때문입니다. 플라톤은 실제로 자연현상을 설명하기 위한 방법론에는 관심이 없었고 완벽한 이데아적 형상이 그려 내는 근본 요소가 무엇인지에만 집중했기 때문에 그를 과학자로 보기에는 무리가 있습니다.

아리스토텔레스가 본 원소, 운동, 색깔

아리스토텔레스의 학설을 좀 더 자세히 살펴보겠습니다. 그는 우선 자연현상의 본질에 대한 질문들에 답을 하기 위해 플라톤과 마찬가지로 엠페도클레스의 4원소설을 받아들입니다. 하지만 그가 생각하는 원소의 의미는 플라톤의 그것과는 성격이 완전히 달랐습니다. 우선 지상에 있는 물체의 운동에 대해 먼저 생각해 보겠습니다. 아리스토텔레스에 따르면 물체는 감각으로 파악할 수 있는 기본 성질을 갖는데, 원소는 그 기본 성질 자체로 만들어진 기본 물질입니다. 그는 우선 모든 지상의 물질이 갖고 있는 성질은 '온과 냉', 그리고 '건과 습'이라는 대립하는 속성으로 단순화할 수 있으며, 이에 대응하는 기본 원소가 엠페도클레스의 4원소설에서 제안되었던 '불, 공기, 물, 흙'에 해당한다고 생각했습니다.

우선 그는 각각의 물체마다 특성이 다른 것은 물체를 구성하는 네 원소의 구성 비율이 모두 다르기 때문이라고 설명합니다. 예컨대 네 원

불

따뜻함   건조함

공기

흙

습함   차가움

물

아리스토텔레스가 발전시킨 4원소설

소는 무게가 다 다른데 가장 무거운 것은 흙이며 그다음은 물, 공기 순이고 불이 가장 가볍습니다. 그리고 모든 원소는 불변하다고 생각했던 엠페도클레스와는 달리, 아리스토텔레스는 네 원소 사이에서 질적인 변환이 가능하다고 생각했습니다. 자연에서 일어나는 모든 변화는 네 원소들 중 하나의 원소가 질적으로 인접한 다른 원소로 변화함으로써 생기는 거죠. 얼음이 물이 되고, 공기가 불로 변하듯 말입니다. 따라서 이 네 원소로 구성된 지상의 물체는 늘 생성과 소멸을 반복합니다.

또한 아리스토텔레스는 네 원소에 각각의 고유한 장소가 있다고 주장하는데요. 예컨대 흙과 물은 무겁기 때문에 우주의 중심, 즉 지구의

지면이 고유한 위치이고 공기와 불은 가볍기 때문에 지구에서 높게 떠 있는 달이 본래의 장소라고 설명했죠. 그리고 그 장소에서 이탈하면 자발적인 힘에 의해 고유한 장소로 되돌아와야 한다고 생각했습니다. 그러니 흙이나 물이 항상 높은 곳에서 지면으로 낙하하는 것이나 불꽃이나 연기가 상승하는 것은 본래의 장소를 향한 자발적인 운동입니다. 아리스토텔레스는 물체의 본성에 따른 이와 같은 자발적 운동을 '자연스러운 운동'이라고 정의했습니다. 이에 반해 돌을 던지거나 바람에 의해 불꽃이 흔들거리는 것은 '부자연스러운 운동'이 되죠. 자연스러운 운동은 말 그대로 매우 자연스러워서 외부에서 아무런 자극을 주지 않아도 저절로 일어나는 운동을 뜻하고, 부자연스러운 운동은 반드시 외부에서 강제적인 힘이 작용해야만 일어나는 운동을 말합니다.

이를 통해 아리스토텔레스는 모든 물체는 원동자로 불리는 원인에 의해 운동한다고 봤고, 이것이 물체 내부에 있는지 외부에 있는지에 따라 자연스러운 운동과 부자연스러운 운동으로 구분했습니다. 전자의 예로는 천상에서 별들이 원운동하는 것을 들었습니다. 천체들은 내부에 원동자가 있어서 아무 외부 간섭 없이 원운동을 할 수 있다는 거였죠. 후자의 예로는 지상에서 일어나는 모든 운동, 예컨대 던져진 돌의 운동이나 줄에 매달린 진자의 운동 등을 들었습니다. 즉, 그에 따르면 지상에서 일어나는 운동의 원동자는 외부에 존재합니다.

자연스러운 운동과 부자연스러운 운동은 서로 혼재되어 있기도 합니다. 위로 던져진 돌멩이가 위로 올라가는 동안은 부자연스러운 강제

운동이지만 다시 아래로 떨어지는 동안은 자연스러운 운동이 되니까요. 또한 그는 자연 운동이든 강제 운동이든 지상의 물체는 시간이 지나면 반드시 멈춘다고 생각했습니다. 지상은 천상과 달리 영원할 수 없고, 물체 외부에서 작용하는 원동자에 의한 동력은 언젠가는 사라지기 때문입니다. 이것이 아리스토텔레스의 지상 운동에 대한 원동자설입니다. 앞서 이야기했듯이 원동자설은 오랜 시간이 흐른 후 관성의법칙이 발견되면서 무너집니다.

또한 아리스토텔레스는 자연계에는 형태상 총 네 종류의 운동이 있다고 분석했습니다. 변화, 수직운동, 수평운동, 천체운동입니다. 이 중 변화는 물리학적 운동(공간적 이동)이 아니라 화학변화라고 할 수 있으니 논외로 치겠습니다. 우선 수직운동은 위 또는 아래로의 운동입니다. 이러한 상하운동은 4원소 각각의 특징에 따라 결정되는 것으로 원소의 본성 자체에 위나 아래로 운동을 하는 성질이 포함되어 있기 때문에 일어나는 거라고 그는 생각했습니다. 공기와 불은 위로, 물과 흙은 아래로 운동하는 것처럼 말이죠.

그는 더 나아가 포물체의 운동에 대해서도 논하는데, 이 운동은 수평운동과 상하운동이 결합한 형태라고 생각했습니다.◆ 이때 그는 물체를 수평 방향으로 던질 때 손과의 접촉이 끝난 후에도 상하가 아닌 수평으로 물체의 운동 상태를 지속시키는 것이 무엇일까 고민합니다. 그의

◆ 이 생각은 현재의 관점으로도 타당하다. 물리학에서 포물체 운동은 2차원 운동으로, x축과 y축, 즉 수평과 수직 성분으로 나누어서 분석한다.

결론은 공간을 채우고 있는 매질이 물체의 운동을 지속하는 데 필요한 힘을 제공한다는 거였습니다. 즉, 매질이 물체의 운동을 지속하기도 하고 방해하기도 하는 능동적 주체였던 거죠. 이러한 사고를 통해 그는 감각적 경험을 뛰어넘어 공간에 대한 본질적인 고찰까지 나아갑니다. 그 사유 과정을 따라가 볼까요?

아리스토텔레스는 모든 물체는 각각의 자연스러운 고유 위치로 돌아갈 때 그 위치에 접근함에 따라 점점 가속이 된다고 주장했습니다. 또한 같은 조건에서 자연스러운 운동의 경우에 물체의 속도는 무게에 비례하고 매질의 밀도에 반비례한다는 결론을 내립니다. 이 논리를 그대로 따른다면 진공은 절대로 존재할 수 없습니다. 왜냐하면 진공은 밀도가 0이기 때문에 물체의 속도가 무한대가 되어 버리거든요. 무한대라는 개념은 수학에서 사용하는 추상적 개념이지 자연에 존재하는 실재적 개념이 아닙니다. 따라서 그의 주장에 따르면 아무것도 존재하지 않는 진공은 있을 수 없고 공간은 물체의 운동을 가능하게 하는 보이지 않는 매질로 가득 차 있다는 결론에 이르게 됩니다.

이와 같이 4원소설을 수용하되, 추상적이고 수학적인 논의에만 국한했던 플라톤과는 달리 아리스토텔레스는 감각적 경험을 통해 운동의 패턴을 찾고 그를 일반화하기 위해 가설을 세웠으며, 다시 이를 기반으로 현상을 설명하는 방식을 사용한 겁니다.

아리스토텔레스는 또한 빛과 색에 대한 학설도 제시합니다. 사실 그 이전부터 일부 학자들은 태양 빛이 스펙트럼을 만들어 내는 현상에

대해 알고 있었지만 왜 그런 현상이 일어나는지 설명하지는 못했는데, 아리스토텔레스는 스펙트럼이 백색 빛이 변형되어 나타나는 색의 조합이라고 생각했습니다.◆ 즉, 백색 빛이 투명한 물질(물이나 유리 등)을 통과하면 모종의 변형 작용이 일어나 색이 변한다고 생각한 거죠.

덧붙여 그는 색의 본질에 관한 학설도 제시하는데, 본질적으로 물체에 존재하는 색과 그렇지 않은 겉보기 색으로 구분합니다. 그에 따르면 사과가 빨갛게 보이는 이유는 사과의 본질적인 색이 빨갛기 때문입니다. 따라서 빛이 없는 어둠 속에서도 사과는 늘 빨간색을 유지합니다. 반면에 하늘에 떠 있는 무지개는 어두울 때는 완전히 사라지기 때문에 겉보기 색으로 분류합니다. 겉보기 색은 빛과 어둠이 적절하게 섞여서 만들어지는데 빛이 사라지면 어둠이 100%가 되므로 겉보기 색은 사라지는 거죠. 물론 빛에 관한 이러한 학설은 이후에 데카르트와 뉴턴에 의해 극복됩니다.

자연철학과 중세 기독교의 잘못된 만남

물론 지금 우리는 그의 주장 대부분이 틀렸다는 사실을 알고 있습니다. 이는 그가 학설을 구축하는 과정에서 실험이라는 행위를 철저히

◆ 현대의 스펙트럼 연구를 분광학이라고 하며, 현대 광학이나 화학, 그리고 천문학 연구의 매우 중요한 방법론으로 발전하고 있다.

배제했기 때문입니다. 실험을 수행한다는 것은 이미 자연스러운 운동을 하고 있는 물체에 일부러 부자연스러움을 강제하는 것이기 때문에 아무런 과학적 의미가 없으며, 운동의 근원적 성질을 파악하는 데도 도움이 되지 않는다고 판단했던 거죠. 이는 그가 자연철학을 연구하는 데 가장 큰 패착이 되었습니다.

또한 아리스토텔레스가 자연현상을 설명할 때 왜 수학을 전혀 사용하지 않았는지도 의문이 남습니다. 그는 기하학을 가장 사랑했던 플라톤의 제자였는데 말이죠. 아마도 자연현상에 대한 스승의 설명 방식이 아리스토텔레스의 입장에서 전혀 와닿지 않았기 때문일 겁니다.

아리스토텔레스는 감각적인 실재를 인정했기 때문에, 추상적이고 이데아적인 수학은 경험적이고 구체적인 자연현상을 설명하는 적절한 도구가 아니라고 생각했습니다. 대신 감각적인 경험에 기반한 체계적인 해석만이 자연과 우주의 작동 비밀을 밝힐 수 있는 유일한 수단이라고 판단했죠.

비록 그의 논리가 수학과 실험을 통해 법칙을 기술하는 물리학의 기본 성격에 정면으로 반하기는 했지만, 당시 기준으로 그의 과학은 중요한 의미를 갖습니다. 자칫 사변적이고 신비주의적으로 흐를 수 있는 수학과 현상의 직접적인 연결을 배제했다는 점, 그리고 관찰에 기반한 귀납적 접근을 통해 보편적 법칙을 얻어 내려는 과학적 방법론을 사용했다는 점에서 말이죠.

이제 아리스토텔레스에 대한 몇 가지 오해를 짚어 보겠습니다. 우

선 그의 자연철학의 기본 정신은 실제로 중세 기독교의 교리와는 공존할 수 없었다는 점을 강조해야겠습니다. 앞에서 아리스토텔레스의 학설이 기독교와 결합하여 학문적 암흑기를 가져왔다고 했는데, 이는 그가 의도한 것이 아닙니다.

자신의 대표 저서인 『형이상학』이라는 책에서 그는 지적 호기심은 인간의 본능 중 하나이며, 자신을 둘러싼 세상의 원리를 규명하고 싶은 마음은 원래부터 내재해 있다고 주장했습니다. 반면에 기독교 사상은 자연의 운행 원리에 대한 인간의 호기심을 신의 영역을 침범하려는 욕망으로 간주하여 억제하려 했으니 아리스토텔레스의 사상과는 완전히 배치되죠. 또한 아리스토텔레스는 자연이 철저히 기본 원칙 또는 원리에 기반하여 움직인다고 보았던 반면, 기독교에서는 신이 행하는 기적을 인정하며 때로는 이해할 수 없는 방식으로 사건이 발생할 수 있다고 봅니다.

무엇보다도 아리스토텔레스의 우주는 그 안에 내재하는 스스로의 운행 원리를 철저히 따르는 완결체이므로, 어떤 절대적인 존재, 즉 창조주가 초월적 위치에서 설계하고 움직이는 우주와도 그 결이 완전히 다릅니다. 아리스토텔레스에게 자연과 우주란 합리적인 논증에 따라 탐구하여 이해해야 할 대상일 뿐, 절대자의 지위를 보증하는 종속 개념이 아닌 거죠. 이러한 아리스토텔레스의 자연철학은 자연과 우주에 대한 사람들의 관점에 변화를 가져왔고, 이를 받아들일 수 없었던 유럽의 교회는 결국 그의 자연철학 사상을 금지하기에 이릅니다.

아리스토텔레스 철학과 아우구스티누스 신학을 조화시키려 한
토마스 아퀴나스의 모습을 표현한 그림(카를로 크리벨리 작, 1476)

그런데 이때 토마스 아퀴나스(1225~1274)가 등장합니다. 아리스토
텔레스의 자연철학과 기독교 신학의 융합을 시도한 인물이죠. 그는
1256년 파리대학 신학부 교수로 취임해 1273년까지 이 작업에 몰두하
여 필생의 역작인 『신학대전』을 완성합니다. 이 책에서 그는 아리스토
텔레스 철학의 합리적 체계를 이용해 기독교 신학을 재편성하는데요.
자연적 이성을 통해 인식되는 철학적 진리는 신앙과 모순되지 않으며,
이성은 신앙과 조화를 이루며 거기에 포섭될 수 있다는 파격적인 주장
을 합니다. 이는 곧 기독교가 지식을 탐구하는 이성의 자율성을 보장하

1장. 과거: 권위를 부수고 자라다

며, 신의 계시와 관계되는 문제만 아니라면 교회는 이성의 권리를 인정한다는 뜻입니다. 신학적인 동기 없이도 자연을 합리적으로 연구하는 방법을 사실상 용인하는 거죠.

실제로 아퀴나스는 아리스토텔레스의 우주관을 거의 대부분 받아들입니다. 그는 아리스토텔레스가 생각했던 스스로 움직이는 완결체인 원동자를 만물을 창조한 신으로 해석하며 조화를 시도했죠. 또한 우주를 구석구석까지 물질로 가득 차 있는 구^{sphere}로 정의하면서, 모든 운동은 움직이게 하는 힘과 움직여지는 물체 사이의 직접적인 물리적인 접촉을 통해 일어난다고 생각했습니다. 이는 진공을 부정하며 기동력설(물체에 처음 가한 힘이 남아 있을 때까지 물체는 운동을 계속하며 힘이 다하면 정지한다)을 주장했던 아리스토텔레스의 이론과 궤를 같이하죠.

요컨대 아퀴나스는 자연과 신의 계시는 대립되는 것이 아니며 계시가 자연을 완성한다고 주장함으로써, 아리스토텔레스의 자연철학이 중세 기독교 신학과 조화될 수 있도록 많은 노력을 했습니다. 이와 같은 아퀴나스의 노력은 중세 스콜라철학의 확립에 결정적인 영향을 미칩니다. 하지만 이후 그의 의도와는 달리 아리스토텔레스의 교리로 더욱 강해진 기독교의 교리는 과학 위에 군림하며 과학의 발전을 저해하게 됩니다. 신앙에 종속된 아리스토텔레스의 자연철학이 과학혁명 이전까지 오히려 인간의 이성적 호기심을 차단해 버린 거죠.

과거의 질문, 미래의 응답

20세기의 대표적인 과학철학자인 토머스 쿤(1922~1996)은 아리스토텔레스의 자연철학의 중요성을 간파하면서 그의 공헌을 객관화합니다. 그는 『과학혁명의 구조』라는 책에서 아리스토텔레스와 근대과학의 차이를 정확하게 지적하고, 이들 사이에는 점진적인 발전이 아니라 교집합이 전혀 없는 비약적인 도약이 존재한다고 역설했습니다. 이러한 공약 불가능한 방식의 과학 발전론은 아리스토텔레스의 운동학 이론이 뉴턴 물리학과 독립적으로 자연에 대한 통찰을 보여 주고 있다는 전제에서 시작된 겁니다.

쿤에 따르면 새로운 과학적 이론은 기존의 주류 과학 체계와 갈등을 겪게 되고, 치열한 논쟁과 투쟁을 거치면서 새로운 '패러다임'을 형성합니다. 패러다임이란, 한 시대를 살아가는 사람들의 견해나 사고를 규정하는 공통된 인식 체계를 일컫는데, 토머스 쿤이 최초로 사용한 용어죠. 예컨대 아리스토텔레스로부터 시작되고 프톨레마이오스에 의해 정립된 천동설은 중세 사람들이 공유했던 우주관에 대한 강력한 패러다임을 형성했습니다. 이후 과학혁명기에 코페르니쿠스와 케플러의 모형을 둘러싼 치열한 투쟁을 거치게 되고, 마침내 뉴턴이 확립한 만유인력의법칙에 의해 지동설이라는 새로운 패러다임으로 대치되고요.

또한 아리스토텔레스가 주장한 대부분의 운동학 이론들, 즉 낙하의 법칙, 진공의 부정, 기동력설 등이 갈릴레이와 데카르트에 의해 거센 도

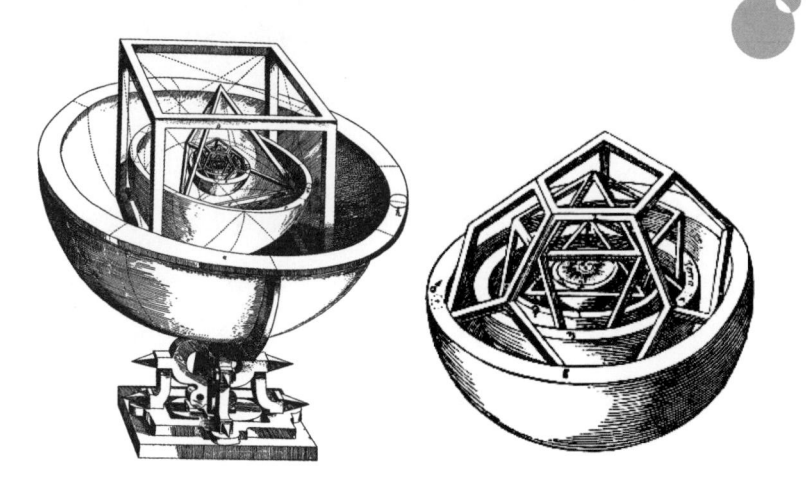

케플러가 『우주 구조의 신비』에서 묘사한 태양계 모형

전을 받았고, 그 이론의 뿌리인 이원론적인 운동 체계도 뉴턴의 운동법칙을 통해 만물이 통일된 하나의 수학 법칙에 따라 작동하는 세계관으로 패러다임이 재편됩니다. 이것이 과학사적으로 의미하는 바는, 아리스토텔레스의 학설이 후세 과학자들이 극복해야 할 대상으로서 역할을 충실히 해내며 근대과학의 패러다임이 형성되는 데 지대한 역할을 했다는 겁니다.

그뿐만 아니라 아리스토텔레스가 자연을 설명하는 방법론, 즉 몇 가지 간단한 가정에서 출발하여 논리적 전개를 통해 더욱 복잡한 상황까지 설명하는 방식 또한 후대 과학에 중요한 기여를 합니다. 비록 실험과 수학적 기술은 없었지만 그가 보여 줬던 접근법을 뉴턴도 그대로 수용하니까요.

실제로 그가 최초로 자연에 대해 가졌던 의문 역시 지금의 관점에서 보면 매우 타당합니다. 그는 자연은 무엇인가를 위해 존재하기 때문에 그 존재 목적을 찾는 것이 자연철학의 궁극적 목표가 되어야 한다고 생각했습니다. 이러한 그의 자연관에 비추어 볼 때, 현상의 원인에 대한 의문, 즉 끊임없이 제기되는 '왜'라는 질문에 올바로 답하기 위해서 그는 이성적이고 합리적인 논증에 기반하여 자연을 설명하려고 시도한 겁니다. 그가 했던 질문들, 예컨대 물체는 무엇으로 구성되어 있는지, 물체는 왜 떨어지는지, 발사체는 왜 계속 움직이는지, 천체는 왜 움직이는지 등은 후대 과학자들이 결국은 답을 찾아낸 자연스러운 물음들이었습니다.

이렇듯 물리학의 변천사를 알기 위해서는 아무리 잘못된 학설이라 하더라도 반드시 철저한 검토가 이루어져야 합니다. 과거의 과학 이론에서 무엇이 잘못되었는지, 왜 그래야만 했는지에 대해 냉철히 분석해야만 현재의 과학적 상황을 되돌아볼 수 있기 때문이죠. 그런데 실제로 우리는 아리스토텔레스의 과학 학설 중에 오늘날까지 인정받는 것이 거의 없다는 이유로, 과학에 대한 그의 기여를 경시할 뿐만 아니라 오히려 잘못된 학설의 표본으로서 감각적 경험에만 의존한 비합리적인 견해일 뿐이라고 치부하기도 합니다.

이렇게 현재의 잣대로 그의 학설을 피상적으로 평가하는 것은 옳지 않습니다. 아리스토텔레스가 인류 최초로 물리학의 근본 문제들을 제기했다는 것을 기억해야 하며, 그의 질문에 답해야 하는 것은 결국 후대

과학자들이라는 점을 잊으면 안 됩니다.

암흑물질과 암흑에너지는 무엇인가?

우주의 미래는 어찌 될 것인가?

생명과 의식의 기원은 무엇인가?

최종이론은 존재하는가?

아리스토텔레스와 다를 바 없이, 현대 과학자들도 이와 같은 질문을 끊임없이 던지고 그 답을 찾기 위해 노력 중입니다.

문명은 '법칙' 이전과 이후로 나뉜다

법칙 없이는 물리도 없다

물리학物理學은 한자의 뜻 그대로 만물의 이치를 연구하는 학문을 말합니다. 물리학을 뜻하는 영어 Physics는 자연에 관한 모든 철학을 뜻하는 그리스어 Physica에서 유래되었는데, 만물과 자연은 결국 같은 것을 의미하죠. 만물이라는 것은 작게는 전자나 쿼크 같은 소립자부터 크게는 별과 은하, 그리고 우주 전체를 포함하니까요. 말 그대로 물리학의 대상이 아닌 것은 없다는 뜻입니다. 조금 건방져 보이기도 하고, 그렇기 때문에 매우 어려운 학문으로 인식되고 있을지도 모를 일입니다.

하지만 물리학을 공부했다고 해서 만물에 대해 모두 안다고 생각하면 오산입니다. 물리학자들은 화학자들만큼 분자를 잘 알지 못합니다. 또한 생명과학자들만큼 세포를 알지 못하죠. 전자공학자들만큼 회로를

알지 못하며, 기계공학자들만큼 기계나 유체의 거동을 알지 못합니다. 다만 물리학이 이러한 학문 분야의 기본적인 이해 틀을 제공한 것은 사실입니다. 그렇다면 물리학자들은 어떻게 그러한 틀을 제공하는 것일까요?

바로 '이치'라는 것에 주목해야 합니다. 여기서 '이치'는 자연현상에 내재되어 있는 '원리'나 '법칙' 같은 거죠. 흔히 물리학에 대해 갖는 큰 오해 중 하나가 자연을 있는 그대로 기술하는 학문이라고 생각하는 겁니다. 하지만 물리학은 자연의 작동 법칙, 즉 물리법칙을 발견하고 그를 통해 우주를 이해하기 위한 학문이지, 자연의 모습을 재현하는 학문이 아닙니다. 비슷한 것 같아도 그 의미는 완전히 다릅니다.

물리학에서 법칙은 다른 것으로부터 증명될 수 없는, 본디 자연이 그러한 방식으로 작동하는 규칙이나 원리를 뜻합니다. 자연과 우주는 인간의 존재 또는 인식 여부와 관계없이 작동하는 본연의 원리들을 갖고 있으며, 물리학자들은 이를 발견함으로써 지적 호기심을 채우고 이를 활용하여 인류 문명의 발전에 기여하기도 하죠. 따라서 법칙은 인간이 발명하는 것이 아니라 발견하는 겁니다.

물리법칙은 크게 두 가지 속성을 갖추고 있습니다. 첫째로 시간이나 공간에 구애받지 않고 언제 어디서나 성립해야 하며, 둘째로 수많은 현상을 통일적으로 설명하고 그와 관련된 새로운 현상도 예측할 수 있어야 합니다. 따라서 우리가 어떤 현상에 대해 그 이치를 깨달았다는 것은 그 현상에 내재된 법칙을 발견했다는 뜻이며, 그를 통해 다양한 현상

에 숨어 있는 공통적인 원리를 이해할 수 있다는 겁니다. 그리고 이것은 언제 어디서나 늘 진리로 받아들여지죠.

이와 같이 물리법칙은 수학에서 말하는 공리와 같은 역할을 한다고 볼 수 있습니다. 그리스의 위대한 수학자 유클리드가 단 몇 개의 공리와 공준으로부터 수많은 기하학의 정리를 이끌어 낸 것처럼, 뉴턴은 자연에 존재하는 기본 법칙들을 전제로 만물의 운동 원리를 설명하려고 했습니다. 그의 역작인 『자연철학의 수학적 원리』가 유클리드의 기하학 원론과 아주 비슷한 구성을 갖는다는 사실이 이를 증명합니다. 뉴턴의 운동 법칙은 예나 지금이나 우리가 배우는 교과서에 자연의 기본 법칙으로 실려 있으며, 지금 이 순간에도 전 세계의 청소년들은 뉴턴의 물리학을 필수로 배우고 있죠.

하나의 법칙으로 수많은 현상을 통일적으로 설명하는 구체적인 예를 들어 보죠. 손에 잡고 있던 돌멩이를 가만히 놓으면 아래로 떨어지는 건 지구의 중력 때문이라고 알고 있죠? 지구의 중력은 단순히 지구와 돌멩이 사이에만 적용되는 것이 아니라 지구 중력권 안에 있는 모든 물체는 지구 중심 방향으로 낙하한다는 사실로 확장됩니다. 또한 대포를 쏠 때 포탄이 그리는 포물선운동이나, 달이 지구를 공전하면서 매초 1.4mm씩 지구로 낙하하고 있다는 사실을 물리학자들은 중력이라는 힘을 통해 통합적으로 이해하고 있습니다. 즉 돌멩이, 포탄, 달, 그리고 지구가 태양을 공전하는 운동 모두 질량을 가진 물체들 사이에 보편적으로 작용하는 중력이라는 하나의 원리로 설명할 수 있다는 거죠(물론 아

인슈타인의 중력이론까지 가야 하지만 일단은 여기서 멈추겠습니다). 뉴턴은 이와 같이 만유인력으로 나타나는 '보편 중력'의 개념을 통해 지상의 돌멩이나 포탄 같은 물체뿐 아니라 달과 지구 같은 천체의 운동까지 통일적으로 설명함으로써 우주의 작동 이치를 제대로 이해한 최초의 과학자입니다.

같은 방식으로 패러데이와 맥스웰은 벼락이 치고 전구에 불이 켜지고 철이 자석에 달라붙는 현상 등의 이치를 전기장과 자기장을 통해 깨달았던 과학자입니다. 패러데이는 '장'이라는 개념을 최초로 도입하여 전기와 자기 현상을 통일적으로 설명할 수 있었고 이를 활용한 발전기를 발명하여 인류 문명에 크게 기여하기도 했습니다.

오스트리아의 물리학자 볼츠만(1844~1906)은 원자론을 도입하여 모든 기체의 열적 거동을 통일적으로 설명해 냈습니다. 그가 규명한 '엔트로피'라는 개념은 열기관뿐만 아니라 모든 비가역적인(물질이 변화를 일으킨 뒤에 원래 상태로 돌아갈 수 없는) 현상에 내재되어 있는 물리량으로, 시간의 흐름 및 우주의 열적 죽음의 종말까지 예측할 수 있는 기본 개념이 되었습니다.

하나의 물리법칙이 개척하는 또 다른 세계

물리학자들은 한발 더 나아가 법칙을 통해 새로운 물리적 실체나

현상을 발견하기도 합니다. 예컨대 맥스웰은 전기장과 자기장으로 구성된 수학적인 방정식을 확립함으로써 전자기 법칙을 집대성했는데, 그는 이 법칙을 통해 당시까지 미지의 영역이었던 빛의 본질이 전자기파라는 결론에 이르게 됩니다. 빛과는 전혀 상관없어 보였던 전기장과 자기장이 알고 보니 한몸이었다는 것을 깨달은 위대한 순간이었습니다.

또한 아인슈타인이 확립한 일반상대성이론에 나오는 중력장 방정식은 중력이 시공간의 곡률과 같다는 놀라운 결론과 더불어, 우주가 계속 팽창한다는 심대한 광경을 우리에게 보여 주었습니다. 우주의 팽창을 사유할 수 있게 만들어 준 그의 이론이 정말 놀랍죠. 또한 중력장 방정식은 블랙홀이라는 기상천외한 천체를 예측하는데, 이 역시 하나의 법칙에서 전혀 생각지 못했던 새로운 물리적 실체를 발견하게 된 대표적인 예입니다.

이와 같이 하나의 원리로 수많은 현상을 통합적으로 설명하는 물리 법칙은 일단 성립되면 엄청난 학문적 안정성을 갖게 되면서 후속 과학의 발전을 위한 기반이 됩니다. 즉, 하나의 물리법칙이 또 다른 현상을 예측할 수도 있고, 그를 통해 새로운 학문 분야를 개척하게 되는 거죠.

이렇듯 물리 법칙을 통해 새로운 현상이나 물질을 예측하고 발견한 대표적인 예를 들어 보겠습니다. 물리법칙 중에 에너지보존법칙이라는 것이 있죠. (외부와 연결되지 않은) 고립계에서 에너지의 총합은 항상 일정하게 유지된다는 법칙으로, 이 법칙에 따르면 에너지는 다른 곳으로 전달되거나 그 형태를 바꿀 수 있을 뿐 새롭게 생성되거나 사라질 수 없습

니다. 이를테면 롤러코스터를 탈 때 중력에 의한 위치에너지가 운동에너지로 변환되는 과정, 또는 용수철에 매달린 물체의 탄성에너지가 운동에너지로 변환되는 과정 등의 예시를 중·고등학교 물리 시간에 접해 봤을 겁니다(이는 에너지보존법칙 중 '역학적인' 에너지에 해당합니다).

이 법칙은 1847년 독일의 물리학자인 헤르만 헬름홀츠(1821~1894)에 의해 모든 자연계에서 성립되는 법칙으로 일반화되었습니다. 헬름홀츠는 그의 기념비적인 논문 「힘의 보존에 관하여」에서 에너지 보존 원리를 수학적으로 정식화함으로써 최초로 에너지보존법칙을 물리법칙의 공리로 간주했습니다. 이후 19세기 후반 열역학이 확립되면서 열역학 제1법칙으로 정립되었고, 20세기 들어 아인슈타인의 특수상대성이론을 통해 질량-에너지보존법칙으로 확장되면서 물리학에서 가장 근원적인 법칙의 자리에 오르죠. 특수상대성이론에 따르면 질량은 언제든지 에너지로 변환될 수 있고 관성계 내에서 시간의 변화에 상관없이 불변합니다. 따라서 모든 질량과 에너지의 합은 보존되어야 하는 거죠.

나아가 더 놀라운 사실은 에너지보존법칙이 물리법칙의 대칭성과 연결되어 있다는 것이 밝혀졌다는 점입니다. 20세기 초를 대표하는 여성 수학자 에미 뇌터(1882~1935)는 어떤 물리계의 속성이 연속적인 대칭성을 갖는다면 그에 대응되는 보존량이 반드시 존재한다는 '뇌터의 정리'를 발표합니다. 이는 대칭성과 보존 법칙이 서로 긴밀히 연결되어 있다는 심오한 의미를 내포하죠. 이 정리에 따르면 에너지보존법칙이 성립하는 건 물리법칙이 시간 대칭성을 갖기 때문입니다. 물리법칙이 어

1915년 뇌터가 동료 수학자 에른스트 피셔에게 추상대수학을 의논하려 보낸 엽서

제와 오늘 서로 다르게 적용된다면 아무 의미가 없겠죠? 즉, 시간에 구애받지 않고 보편적으로 성립하는 물리법칙이 결국 에너지 보존으로 연결된다는 겁니다.

그런데 이러한 심오한 원리에도 불구하고 에너지보존법칙의 위기가 찾아옵니다. 바로 중성자^{neutron}가 양성자^{proton}로 변하는 과정, 즉 베타붕괴에 관여하는 힘인 약한핵력을 논하면서였죠. 베타붕괴에서 중성자는 전하량을 보존하기 위해 다음과 같이 양성자와 전자로 붕괴됩니다.

$$n \rightarrow p + e^-$$

여기서 n은 중성자, p는 양성자, 그리고 e^-는 전자입니다. 양성자와 전자의 전하량은 그 크기는 같고 부호가 반대이므로 위의 도식은 전하량보존법칙을 만족시키죠. 그런데 베타붕괴를 이렇게 기술하면 에너지가 보존이 되지 않는다는 심각한 결함이 발견됩니다. 바로 리제 마이트너(1878~1968)와 오토 한(1879~1968)이 1911년 수행한 실험을 통해서였습니다. 에너지보존법칙에 따르면 전자의 에너지는 특정 영역에서만 발생하는 선스펙트럼을 보여야 하는데, 실험 결과는 연속적인 스펙트럼을 보였거든요. 그렇다면 에너지보존법칙이 과연 깨지는 것인지, 혹은 다른 미지의 입자가 베타붕괴 과정에 개입하는 것인지 밝혀야 했죠.

이는 물리법칙의 보편성에 심대한 타격을 줄 수 있는 위기였습니다. 베타붕괴가 발견될 당시에는 중성자 붕괴 시 양성자와 전자 말고는 그 어떤 입자도 찾을 수 없었는데, 이 상태에서는 도저히 에너지 보존을 만족시킬 수 있는 방법이 없었으니까요. 양자역학의 창시자 중 한 명인 닐스 보어(1885~1962)는 20세기 초에 양자역학이 기존의 고전물리학 개

넘들을 어떻게 무너뜨리는지 생생하게 지켜본 사람으로서, 베타붕괴가 아직 도래하지 않은 더 깊고 새로운 원리를 암시하는 징조라고 생각하기도 했습니다. 결국 에너지보존법칙이 보편적으로 성립되지 않을 수도 있다는 충격적인 가정까지 하기에 이르죠.

하지만 물리학에 관해서는 마치 신과 같이 엄격했던 당시 젊은 물리학자 볼프강 파울리(1900~1958)는 그러한 보어의 가정에 도저히 동의할 수 없었습니다. 에너지보존법칙은 자연의 기본 공리로서 반드시 그 지위를 굳건히 유지해야만 했습니다. 그렇지 않다면 물리학 전체의 기반이 무너질 수 있다고 생각했죠. 그래서 그는 1930년, 베타붕괴 과정에서 또 하나의 새로운 입자가 생성될 수 있다는 가정을 합니다. 이 입자는 전기적으로 중성이고 전자에 비해서도 엄청나게 가벼워서 쉽게 검출되기 어렵지만, 에너지 보존을 위해서 반드시 존재해야만 했습니다. 후에 중성미자neutrino로 불리게 되는 이 입자는 파울리의 예측으로부터 26년 후인 1956년에 실제로 관측됩니다. 클라이드 카원과 프레더릭 라이너스가 핵 발전소 원자로의 노심에서 발생하는 핵분열 과정에서 발견했습니다. 이러한 과정을 거쳐 마침내 올바른 베타붕괴의 공식이 완성됩니다.

$$n \rightarrow p + e^- + \bar{\nu}_e$$

여기서 $\bar{\nu}_e$는 반전자antielectron 중성미자입니다. 중성미자는 에너지보

최초로 관측된 중성미자의 모습

존법칙이 인류에게 선사한 또 하나의 기본 입자로, 현대 입자물리학의
표준모형을 구성하게 되었습니다.

인류 문명을 뒤흔드는 숨은 실세

이와 같이 보편적인 물리법칙은 새로운 소립자를 발견하는 데에까
지 결정적인 영향을 미칠 수 있고, 이를 통해 자연과 우주에 대한 인류
의 지평을 넓히게 됩니다. 나아가 실질적으로 인류 문명의 발전을 이끌
기도 하고요. 세상을 변화시키는 숨은 실세라고 할까요?

인류사를 통틀어 가장 위대한 발명품을 꼽으라면 무엇을 생각할 수

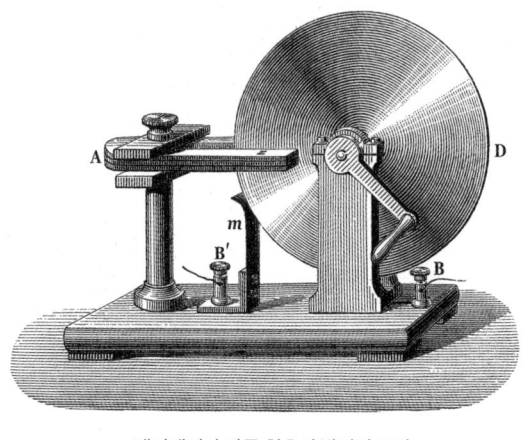

패러데이가 만든 최초의 발전기 묘사

있을까요? 사람마다 생각이 조금씩 다르겠지만 저는 개인적으로 발전기와 트랜지스터를 꼽겠습니다. 발전기는 19세기에 시작된 제2차 산업혁명을 주도했고 트랜지스터는 20세기 제3차 산업혁명, 즉 전자공학 혁명을 주도했습니다. 이 발명품들 모두 물리학자들에 의해 개발되었죠.

발전기는 영국의 물리학자 마이클 패러데이가 개발했는데, 패러데이는 자기장이 시간에 따라 변할 때 전기장이 형성될 수 있다는 전자기 유도법칙을 발견하고, 이를 이용하여 배터리 없이 지속적인 전류를 생산할 수 있는 발전기를 만들어 낸 겁니다. 그 당시만 해도 전자기학은 실험실에서만 연구되었기 때문에 발전기는 일상생활과는 매우 동떨어진 발명품에 지나지 않았습니다. 하지만 그로부터 불과 수십 년 만에 영국에서 산업혁명이 일어나면서 발전기는 열기관과 더불어 인류 문명을 완전히 뒤집어 놓았죠.

또한 20세기는 전자공학 혁명의 시대였습니다. 전자공학이란 전자의 거동을 제어하는 장치나 소자를 개발하는 학문 분야로, 대표적으로 반도체를 기반으로 하는 산업 전반을 들 수 있습니다. 1897년 영국의 조지프 존 톰슨(1856~1940)에 의해 처음으로 그 존재가 밝혀진 이후 전자는 양자물리학을 상징하는 입자가 되었고, 현대 입자물리학의 표준모형에서도 기본 입자의 지위를 당당히 차지하고 있습니다.

무엇보다도 전자는 인류 문명의 발전에 한 획을 그은 기본 입자로 모든 물질의 특성을 결정하는 매우 중요한 역할을 합니다. 20세기 초에 양자물리학이 탄생한 후, 아보가드로수(약 6×10^{23}개)만큼의 원자로 가득 차 있는 고체 물질의 물리적 특성을 연구하는 고체물리학(현재는 응집물질물리학으로 불립니다)이 본격적으로 연구되면서 물리학자들은 도체와 부도체의 원리를 정확히 이해하게 되었습니다. 그리고 주기율표의 특정 원소들이 도체와 부도체의 중간인 반도체적인 성질을 가질 수 있다는 것을 알게 되죠. 반도체는 조건에 따라 도체가 되기도 하고 부도체가 되기도 하므로 물리학자들은 이를 활용하여 실제로 사용할 수 있는 소자를 개발하기에 이르는데, 그것이 바로 트랜지스터입니다.

트랜지스터는 반도체 세 개를 붙인 소자로, 반도체의 고유 기능인 스위칭 작용(전류가 흐를 때를 1, 전류가 흐르지 않을 때를 0으로 하여 스위치처럼 이용)과 더불어 전기신호를 수백 배 이상 향상시킬 수 있는 증폭 작용을 보여줌으로써 현대 컴퓨터 개발의 모태가 되었습니다. 오늘날 발전기가 없는 삶, 컴퓨터와 휴대폰이 없는 삶을 상상이나 할 수 있을까요? 이

것들 모두 전자기유도법칙의 발견으로 시작된 기적 같은 문명의 전환이었습니다.

분석과 종합 vs 모형과 증명

그렇다면 물리학자들은 새로운 법칙을 어떻게 발견할까요? 여러 가지 방식이 있지만 가장 확실하면서 많은 성공을 거둔 두 방법이 바로 '분석과 종합', 그리고 '모형과 증명'입니다. 분석과 종합은 귀납적 방법론의 전형으로, 관측이나 실험 결과를 분석하여 하나의 일정한 패턴이나 규칙을 발견하는 방식입니다. 수많은 다양한 데이터를 기반으로 궁극의 법칙을 발견하는 방식이기 때문에 상향식 방법론이라고도 하죠. 수학자이자 천문학자였던 케플러, 근대 물리학을 성립시킨 아이작 뉴턴과 전자기학을 확립한 맥스웰이 이와 같은 방식을 사용했습니다. 자신의 선배들, 즉 뉴턴은 갈릴레이와 케플러, 맥스웰은 패러데이와 앙페르 같은 과학자들이 축적해 온 데이터를 분석하고 종합하여 하나의 커다란 이론적 체계를 구축한 겁니다.

반면에 모형과 증명은 연역적 방법론으로서 기본 전제가 되는 이론적 모델을 제시하고 이를 실험으로 증명함으로써 새로운 법칙을 발견하는 방식입니다. 대표적인 하향식 방법론으로, 통계물리학의 거장인 볼츠만과 모두가 알고 있는 아인슈타인, 그리고 디랙을 비롯한 이론입

자물리학자들이 즐겨 사용했죠. 무엇보다도 이 방식은 20세기 물리학에 가장 혁명적인 변화를 가져다준 양자역학 분야에서 빈번하게 사용되었습니다. 빛을 복사하거나 흡수하는 물체의 원자나 분자는 불연속적인 값을 갖는다는 막스 플랑크(1858~1947)의 양자가설부터, 빛을 입자로 가정한 아인슈타인의 광양자설, 그리고 닐스 보어의 원자모형 등이 모두 그와 같은 방법론을 통해 성공을 거둔 이론들입니다.

이 두 가지 방식으로 구축된 물리법칙의 예를 자세히 들어 볼까요? 분석과 종합을 통해 확고한 이론을 최초로 구축한 과학자는 바로 케플러입니다. 사실 그는 철저한 신플라톤주의자였습니다. 신플라톤주의는 자연의 단순성과 조화를 중요시하고 수학적인 아름다움을 추구했던 플라톤의 사상을 계승했지만, 이데아계와 현상계가 독립적으로 나뉘어 있다는 이원론적 세계관보다는 결국 둘 사이가 계층적으로 연결되어 있다는 일원론적 세계관을 강조한다는 점에서 구분됩니다. 이는 곧 과학에서 천상과 지상을 통합하는 연결 고리 역할을 하게 되죠.

케플러는 초기에 이 사상에 심취하여 플라톤이 주창했던 정다면체들을 우주를 구성하는 별들에 대응시키며, 별들이 이데아적 원리로 운행하는 모습을 주장하기도 했습니다. 이러한 주장을 담은 편지를 갈릴레이에게 보내 자문을 구하지만 원하는 답을 받지는 못하죠. 아마도 실험적 사실을 바탕으로 성립되어야 하는 새로운 과학을 천명한 갈릴레이에게 케플러의 주장은 매우 사변적으로 보였을 겁니다.

하지만 튀코 브라헤(1546~1601)라는 스승을 만나면서 케플러가 우

케플러의 저서 『루돌프 표』의 권두화로,
자신과 브라헤를 포함한 천문학 스승들의 모습을 표현했다.

주를 대하는 태도는 180도 바뀌게 됩니다. 브라헤는 뛰어난 관측 능력
과 방대한 데이터를 갖고 있었죠. 뛰어난 수학적 능력을 소유하고 있었
던 케플러는 스승이 남겨 놓은 관측 데이터를 철저히 분석하여 마침내
행성의 궤도가 원이 아니라 타원이라는 사실을 밝혀냅니다. 2,000년간
유지되어 오던 '원'이라는 망상에서 과학자들을 구원한 거죠. 객관적인
관측 데이터를 기반으로 철저하게 분석한 결과였습니다.

　그에 따르면, 태양을 공전하는 모든 행성은 타원궤도로 돌며, 타원
의 초점에 위치한 태양과 행성의 거리에 따라 행성의 공전 속도가 달라

1장. 과거: 권위를 부수고 자라다

집니다. 이 또한 모든 행성이 같은 속도로 원운동한다는 그동안의 믿음을 완전히 무너뜨리는 거였죠. 여기에 행성의 공전주기의 제곱과 장반경(타원궤도의 가장 긴 지점인 장축의 절반)의 세제곱은 서로 비례한다는 조화의 법칙까지 발견함으로써, 케플러는 '하늘의 입법가'라는 칭호를 받게 됩니다. 분석과 종합의 결정판인 셈이죠.

반면에 철저한 하향적 방식으로 물리법칙을 얻어 낸 대표적인 과학자는 바로 아인슈타인입니다. 그에게 노벨상을 안겨 주고 초기 양자역학이 성립하는 데 결정적인 역할을 했던 광양자설을 예로 들어 보겠습니다. 1905년, 아인슈타인은 당시까지 이론적으로 설명되지 못했던 광전효과를 이해하기 위해 빛이 에너지를 갖는 입자들의 다발이라는 가정을 하게 됩니다. 당시까지만 해도 맥스웰에 의해 명백히 증명된 전자기파로서의 빛이 진리로 받아들여지고 있었지만 19세기 후반에 알려진 광전효과 실험은 빛이 파동이라는 사실과 완전히 모순된 결과를 보여 주고 있었기 때문입니다.

26세의 젊은 아인슈타인은 이를 해결하기 위해 (뉴턴이 주장하기도 했던) 빛의 입자설인 광양자설을 과감하게 도입하며 당시까지 물리학자들의 골머리를 썩히던 광전효과를 정확히 설명해 냅니다. 비록 빛이 에너지를 가진 입자들의 다발이라는 실체 자체를 실험적으로 보여 주지는 못했지만, 광양자설이 광전효과 문제를 완벽하게 해결할 수 있었고 그보다 5년 앞서 발표된 플랑크의 양자가설과도 일치했기에 학계에서 인정을 받게 된 거죠. 흔히 아인슈타인의 광양자설이 '빛=입자'라는 데

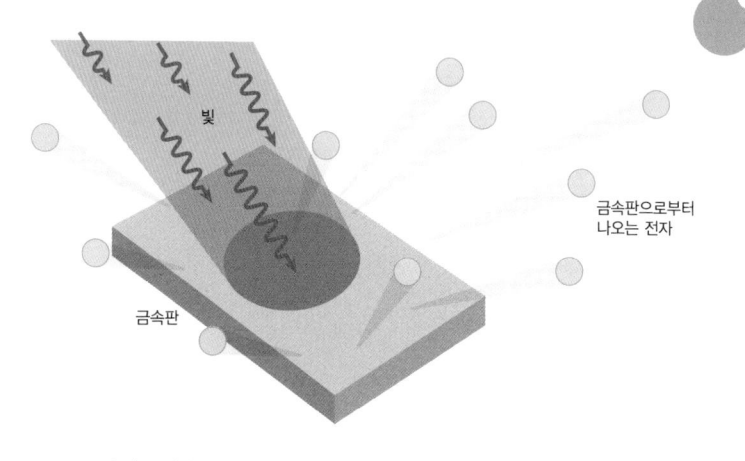

빛

금속판으로부터
나오는 전자

금속판

금속에 특정한 진동수 이상의 빛을 비추면 전자가 튀어 나오는 광전효과

대한 직접적인 증거라고 오해하는 경우가 있습니다만, 엄밀히 말하면
그렇지 않습니다. 빛이 입자의 성질 역시 갖는다는 직접적인 검증은
1922년 미국의 물리학자 아서 콤프턴(1892~1962)의 전자와 빛(X선)의 산
란 실험을 통해 이루어지거든요.

다시 말해 광양자라는 개념은 당시 설명되지 못했던 광전효과 현상
을 이해하기 위해서 도입된 하나의 이론적 모형이었던 겁니다. 이후 그
것이 실험적으로 증명되면서 완전한 물리법칙으로 굳어지는, 전형적인
모형과 증명의 방식입니다.

모형과 증명의 결정판은 무엇보다도 아인슈타인의 상대성이론일
겁니다. 특수상대성이론의 경우, 그 어떤 실험적 축적이 없는 상태에서
두 가지 전제, 즉 모든 관성계에서 물리법칙이 동등하다는 것과 빛의 속
도가 일정하다는 가정만을 통해 $E=mc^2$과 같은 심대한 결론에 이르렀

죠. 일반상대성이론은 더욱 놀랍습니다. 특수상대성이론과 등가원리(관성질량과 중력질량이 같다는 원리)만을 기반으로 해서 온 우주를 지배하는 중력에 관한 법칙을 수학적으로 유도한 이론이니까요. 즉, 어떠한 실험적 데이터도 없이 순수하게 인간의 논리적 사유만으로 자연의 거대한 법칙을 발견한 것이죠. 그 이후로 논리적 사유를 최대한 이용하여 물리법칙을 이끌어 내려는 시도가 입자물리학 분야에서 여러 차례 있었으며, 그 대표적인 결과가 바로 디랙방정식이나 초끈이론입니다.

　이 두 가지 방식을 모두 사용하여 위대한 결론을 이끌어 낸 과학자도 있습니다. 빛의 정체가 전자기파라는 것을 최초로 규명한 맥스웰입니다. 그는 1873년 벡터 미분방정식 형태의 전자기학 방정식을 발표하는데, 그 방정식들은 각각 가우스의법칙, 앙페르의법칙, 그리고 패러데이의법칙을 수학적으로 기술한 것들이었죠. 즉, 이전에 이미 실험적으로 발견된 전자기학의 패턴들을 수학적으로 정량화하고, 간단하면서도 대칭적인 방정식을 얻어 냄으로써 궁극의 전자기학 법칙을 확립한 겁니다. 소위 맥스웰 방정식이라 불리는 이 네 개의 식을 공부하면 전자기학의 거의 대부분의 현상을 이해할 수 있습니다. 여기까지는 분석과 종합의 결정판이죠.

　하지만 맥스웰은 여기서 그치지 않고 한발 더 나아가 변위전류라는 개념적 모형을 제시하면서 앙페르의법칙에 해당하는 맥스웰 방정식을 수정합니다. 이 변위전류라는 개념을 통해 빛이 전자기파의 형태를 갖는다는 결론에 이르게 되고, 그의 이론이 발표된 지 불과 10여 년 후에

독일의 물리학자 헤르츠(1857~1894)에 의해 전자기파로서의 빛이 실험으로 증명되죠.

이처럼 맥스웰은 분석과 종합을 통해 성립된 물리법칙을 기반으로 새로운 모형을 제시하고 이것이 실험적으로 증명되도록, 즉 두 가지 방법론을 모두 사용하여 빛의 정체를 밝힌 겁니다. 아인슈타인이 가장 존경했던 물리학자답죠?

물리법칙을 발견하는 두 가지 방식은 그 과정이 서로 반대되는 것처럼 보여도 중요한 공통점이 있습니다. 이번 장에서 계속해서 강조했듯, 바로 이론과 실험이라는 행위를 요구한다는 겁니다. 이론은 수학이라는 도구를 이용하여 자연현상에 내재되어 있는 원리를 기술하는 것을 말하고, 실험은 자연의 작동 원리를 이해하기 위해 정교하게 설계된 방법론을 따라 수행하는 행위를 말합니다. 과학자들은 실험을 통해 포착한 규칙적인 패턴을 기반으로 이론을 확립하거나, 반대로 이론적으로 예측한 원리를 실험을 통해 검증합니다. 물리학을 비롯한 자연과학은 이러한 두 기둥을 통해 자연과 우주의 원리를 규명해 왔고 앞으로도 그럴 겁니다.

학문의 경계를
허물다

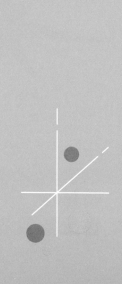

파인만 알고리즘과

그 진화

프런티어: 과학의 최전선에서

과학과 관련한 대중 서적들을 한 번쯤 읽어 본 적이 있을 겁니다. 이런 책들은 대부분 기존에 확립된 이론을 일반인들에게 소개하기 위한 목적으로 발행됩니다. 이해하기 어려운 과학적 사실이나 개념을 알기 쉽게 설명함으로써 대중이 과학에 잘 접근할 수 있도록 도와주는 거죠. 정치평론가이자 작가인 유시민은 이러한 대중 서적 작가들을 일컬어 '지식 소매상'이라고 표현한 바 있습니다. 본인이 직접 학문의 최전선에서 새로운 지식을 창출하는 것은 아니지만 기존에 존재하는 지식들을 일반 대중에 쉽게 전달하는 사람들을 칭한 거죠. 그렇다면 실제로 프런티어 영역에서 지금 이 순간도 새로운 지식을 발견하는 연구자들은 지식 생산자, 과학에 관심이 있는 대중은 지식 소비자라고 말할 수

있겠네요.

최근에는 지식 생산자들이 직접 소매상의 역할을 하는 경우도 많아지고 있습니다. 즉, 현재도 활발히 연구 중인 석학들이 직접 대중 서적을 집필하는 경우죠. 저는 이것이 아주 좋은 방향이라고 생각합니다. 실제로 지식을 생산하고 있는 사람들은 아무래도 과학에 대한 더 깊은 통찰을 바탕으로 전문적이면서도 알기 쉽게 책을 집필하기 때문이죠. 물리학 분야만 봐도 초끈이론의 대가인 레너드 서스킨드, 쿼크의 비밀을 규명한 프랭크 윌첵, 표준모형의 실질적 창시자인 스티븐 와인버그, 블랙홀 이론의 대가인 스티븐 호킹과 로저 펜로즈 등, 수많은 석학들이 자신의 경험을 바탕으로 훌륭한 과학 서적들을 집필해 오고 있습니다. 한국에서도 이강영, 김상욱, 김범준 등, 현직 대학교수로서 연구 중인 분들이 대중과의 접촉을 활발히 하고 있죠.

하지만 정작 프런티어 영역에서 이루어지고 있는 연구들이 어떠한 방식을 통해 수행되는지에 대한 소개는 많이 부족한 것 같습니다. 실제로 최전선에서 연구가 어떻게 이루어지고 있는지 조금 더 이해한다면, 저명한 학자들이 쓴 서적을 이해하는 데도 큰 도움이 될 거라고 생각합니다.

연구 분야나 각 연구 그룹에 따라 다양한 방식이 있을 수 있지만 여기서는 연구자들이 과학의 최전선에서 연구하는 기본 과정에 대해 간단히 이야기해 보겠습니다. 그 근간은 바로 20세기 위대한 이론물리학자 중 한 명인 리처드 파인만(1918~1988)이 제시한 소위 '파인만 알고리

1986년 캘리포니아 공과대학에서 강의하던 리처드 파인만의 모습

즘'인데 그 내용은 다음과 같습니다.

1. 문제를 쓴다.

2. 문제를 해결하기 위해 깊게 고민한다.

3. 답을 쓴다.

너무 간단해서 이것이 무슨 특별한 알고리즘인가 반문할 수도 있을 것 같습니다. 하지만 그 의미를 파악한다면 연구자가 따라야 할 모든 과

정이 이 단 세 문장에 포함되어 있음을 알 수 있습니다. 그러므로 연구자라고 하면 이 알고리즘을 스스로 수행할 수 있는 능력이 있다는 뜻으로 받아들이면 됩니다.

문제를 쓰기: 가장 심오한 첫 단계

가장 먼저 문제를 쓰는 일에 대해 생각해 보겠습니다. 문제를 쓴다는 것은 곧 내가 해결해야 할 연구 주제를 스스로 생각해 내야 한다는 뜻입니다. 사실 이 첫 번째 단계가 연구자에게는 가장 중요하면서 어렵습니다. 연구 주제를 스스로 창출하기 위해서는 오랜 기간에 걸친 연구 경험이 필요하기 때문이죠. 그러한 연구 경험을 바탕으로 현재 상황에서 해결되지 못한 난제들, 그리고 기존의 연구 결과들이 갖는 한계점 등을 면밀히 분석하여 자신이 해결할 수 있는 연구 주제를 선정하게 됩니다. 따라서 자신이 전공하는 분야에 대한 깊은 지식과 통찰 없이는 새로운 연구 주제를 선정하는 일이 쉽지가 않죠.

그렇다면 연구 경험은 어떻게 쌓을까요? 일반적인 과정을 소개하자면, 대학교 학부 과정을 졸업한 후에 대학원에 입학하여 지도 교수의 지도하에 석사와 박사과정을 이수하는데, 보통 5~6년 정도 연구를 수행합니다. 지도 교수와 같이 연구 주제를 선정하고, 선정된 주제를 해결하기 위한 연구를 수행하며, 합당한 결론을 얻으면 자신의 연구 결과를 논

문의 형태로 발표하면서 연구 역량을 쌓아 가죠(사실 이 세 과정이 각각 파인만 알고리즘의 세 단계에 대응합니다).

앞서 강조했듯이 파인만 알고리즘의 세 단계 중에 첫 번째 단계가 가장 어렵기 때문에 보통 처음에는 지도 교수가 연구 주제를 제안하고, 이를 해결하기 위한 노력, 즉 2번부터 배우게 됩니다. 그렇게 결론을 얻으면 논문의 형태로 출판함으로써 답을 쓰게 되는데, 물론 논문을 쓰는 일 또한 만만치 않습니다.

대학원 기간 동안 학생들은 주로 2번과 3번을 열심히 익히고 이러한 경험이 쌓이면서 스스로 문제를 적을 수 있는, 즉 연구 주제를 생각해 낼 수 있는 능력을 기릅니다. 그러니까 대개는 파인만 알고리즘을 기준으로 2번→3번→1번의 순으로 자신의 역량을 기르는 셈입니다. 물론 대학원에 입학할 때부터 이미 비상한 연구 능력을 겸비한 학생도 있을 수 있습니다만, 보통은 이러한 과정을 통해 연구자로 성장합니다.

따라서 과연 스스로 문제를 적을 수 있는가가 진짜 독립적인 연구자인지 아닌지 판단할 수 있는 기준이 되죠. 사실 매년 수많은 박사학위자들이 양산되지만 실제로 스스로 연구 주제를 창안하고 수행하여 학술적인 논문을 생산해 낼 수 있는 능력을 가진 사람이 그리 많지는 않기 때문에, 즉 2번 능력만 갖고 있는 연구자들이 많기 때문에 진정한 연구자의 길이 쉽지는 않습니다.

문제를 쓴다는 것은 연구 주제를 생각해 내는 것과 같다고 했는데 연구 주제는 어떻게 생각할까요? 보통은 기존 연구에서 가장 많은 힌트

를 얻습니다. 기존 연구를 접하기 위한 가장 중요하면서도 손쉬운 방법은 바로 논문을 찾아서 읽는 겁니다. 논문이란 과학자들이 자신의 독창적인 연구 결과를 실어서 발표하는 문서인데, 온라인상에서 얼마든지 찾아서 읽을 수 있기 때문에 연구를 시작하는 데 가장 기본이 되죠. 우리가 독서를 하는 이유가 오랜 세월 동안 형성된 작가의 생각이나 경험을 책 한 권으로 손쉽게 공유할 수 있기 때문인 것처럼 논문도 마찬가지입니다. 논문을 읽음으로써 자신의 동료 및 선후배 과학자들이 각고의 노력 끝에 발표한 연구 성과를 공유할 수 있고, 그를 통해 자신의 연구 분야에 대한 배경지식을 쌓거나 흐름을 파악할 수 있습니다. 더 나아가 기존 연구의 불완전한 부분을 찾아내어 보완하거나 아니면 그를 기반으로 자신만의 새로운 주제를 설정하여 답을 찾음으로써 학문적 영역을 넓힐 수 있게 됩니다.

따라서 연구 주제를 창안해 낼 수 있으려면 연구 분야에 대한 깊은 지식이 있어야 하고, 그간 진행되어 온 연구 흐름을 파악하여 현재 해결해야 할 문제가 무엇인지 꿰뚫어 볼 수 있는 통찰력이 필요합니다. 갓 대학원에 입학한 학생이 이 능력을 갖는 것은 현실적으로 매우 어렵기 때문에 그 분야에 정통한 연구 성과를 낸 지도 교수의 도움을 받아야 하는 거죠.

문제를 깊이 생각하기: 번아웃과 슬럼프를 넘어

일단 연구 주제를 받으면 이제 두 번째 단계인 문제 해결을 위한 실질적인 연구 방법론을 철저하게 익히게 됩니다. 파인만의 1번 알고리즘이 가장 어렵다고 했지만 2번 능력이 받쳐 주지 않으면 그 또한 아무 의미가 없습니다. 설정된 주제를 해결하기 위한 연구를 설계하고 이를 성실히 수행하면서 주어진 문제를 어떻게 해결할 것인가 끊임없이 생각하고 탐구하는 두 번째 과정이야말로 연구자가 기본적으로 갖추어야 할 덕목입니다.

이 두 번째 단계를 위해 필요한 것이 실험 또는 이론적 계산입니다. 연구 주제에 대한 답을 찾기 위해 열심히 실험과 계산을 설계하고 수행하는 거죠. 사실 이 과정이 가장 고통스러운 단계입니다. 분자 분광학 및 동력학을 연구하고 있는 제 경험을 예로 들면, 매우 짧은 시간에만 존재하는 펄스 레이저 시스템을 구축하고, 이를 시료(시험, 검사, 분석 등에 쓰는 물질이나 생물)에 쏘여 주기 위해 다양한 옵틱스들, 즉 거울이나 렌즈를 배치하여 레이저 빔이 올바로 진행되도록 하는 훈련을 합니다. 그리고 이를 통해 얻은 데이터를 해석하고 분석하는 연습을 반복하죠. 최신 연구에 사용되는 장비들은 대부분 매우 정교하고 복잡하기 때문에 장비의 작동을 익히는 일부터 쉽지는 않습니다. 장기간에 걸친 훈련을 하지 않으면 원하는 실험 결과를 얻기가 불가능하므로 연구를 수행하기 위한 실험에 최선을 다해야 합니다.

처음에는 실험을 통해 얻어진 결과들이 무엇을 의미하는지 이해하는 데 시간이 좀 걸릴 수도 있습니다. 연구를 계속 하다 보면 본인이 무엇을 얻고 있는지, 그 데이터가 의미가 있는 것인지 아닌지 판단할 수 있게 되고, 그러다 보면 새로운 결과를 얻기 위해서 무엇을 해야 할지 자연스럽게 아이디어가 떠오릅니다. 그렇게 독립적인 연구자로 성장해 가는 거죠. 하지만 연구라는 것이 생각대로 결과가 나와 주지도 않는 데다가 옳다고 생각한 데이터들에도 알고 보니 오류가 있다는 것을 발견하기 일쑤입니다. 국내 또는 해외의 저명한 석학들을 대상으로 한 인터뷰를 봐도 그들 역시 수많은 시행착오를 반복하고 있다는 것을 알 수 있습니다. 그만큼 답을 향해 나아가는 여정은 때때로 매우 힘들고 어렵습니다. 번아웃이 오거나 슬럼프에 빠지는 일도 다반사죠.

지도 교수조차도 그 의미를 알 수 없는 연구 결과들도 많기 때문에 답을 함께 찾아 가는 과정이 매우 중요한데, 이때 가장 필요한 것이 자유로운 토론입니다. 지도 교수나 연구실 동료 간의 격의 없는 토론을 통해 자기 연구의 부족한 점과 오류가 무엇인지 파악할 수 있고, 새로운 관점으로 주제에 접근할 수도 있습니다. 그러다 보면 서로가 생각하지 못한 방법론을 찾아낼 수도 있죠. 이렇게 끊임없는 소통과 토론을 통해 연구자는 연구 주제에 대한 답을 찾아 가게 됩니다.

재밌는 것은 답을 찾는 과정에서 본인이 생각하지도 못했던 획기적인 연구 결과를 얻기도 한다는 겁니다. 예컨대 연구 팀은 흔히 기존의 연구 논문을 공부하여 A+B가 어떤 결과를 가져올지 예상해 봅니다. 자

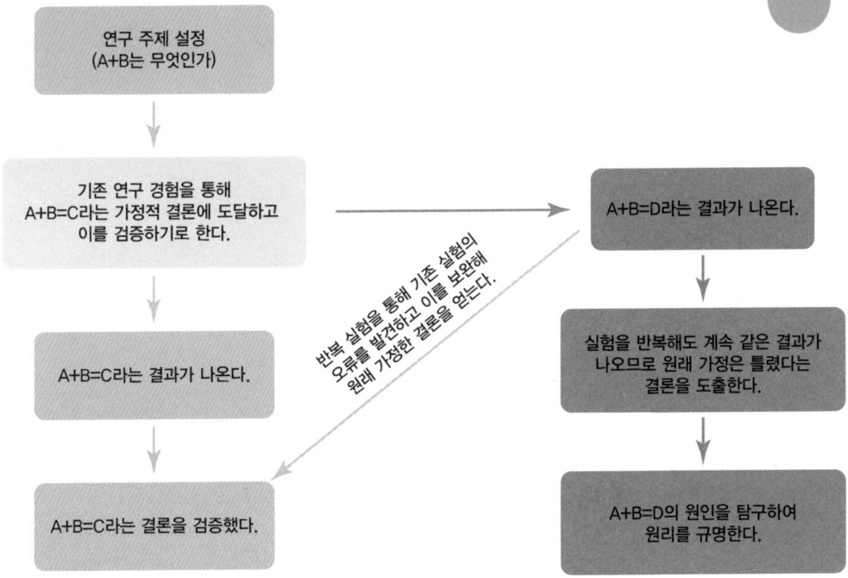

```
┌─────────────────────┐
│   연구 주제 설정      │
│  (A+B는 무엇인가)    │
└─────────────────────┘
          │
          ▼
┌─────────────────────┐                        ┌─────────────────────┐
│ 기존 연구 경험을 통해 │ ───────────────────▶  │ A+B=D라는 결과가 나온다.│
│ A+B=C라는 가정적 결론에 도달하고│                └─────────────────────┘
│ 이를 검증하기로 한다.│                                   │
└─────────────────────┘     반복 실험을 통해 기존 실험의        ▼
          │              오류를 발견하고 이를 보완해   ┌─────────────────────┐
          ▼              원래 가정한 결론을 얻는다.    │ 실험을 반복해도 계속 같은 결과가│
┌─────────────────────┐                          │  나오므로 원래 가정은 틀렸다는│
│ A+B=C라는 결과가 나온다.│                          │      결론을 도출한다.  │
└─────────────────────┘                          └─────────────────────┘
          │                                                │
          ▼                                                ▼
┌─────────────────────┐                          ┌─────────────────────┐
│ A+B=C라는 결론을 검증했다.│                        │  A+B=D의 원인을 탐구하여│
└─────────────────────┘                          │     원리를 규명한다.   │
                                                  └─────────────────────┘
```

연구 과정 도식

신들의 연구 경험 및 기존 관련 논문을 기반으로 토론을 거듭하여 A+B=C가 될 거라는 예상을 하고 연구를 수행하기 시작하죠. 만약 이 예상이 맞다면 연구 팀은 C라는 결과물을 얻게 되고 이를 논문으로 발표합니다. 이것이 가장 일반적인 연구의 패턴입니다.

그런데 어찌 된 일인지 연구 팀이 A+B=D라는 결론을 얻는 경우가 발생합니다. 예상했던 결과와 다른 결론을 얻게 된 연구 팀은 처음에는 (당연히) 자신들의 연구 방법에 오류가 있다고 판단하죠. 그래서 지속적인 토론과 보완을 통해 반복 실험을 하게 되는데, 아무리 실험을 다시 해도 D라는 결론만 나옵니다. 그럼 그들은 A+B가 D라는 확신을 갖게

되겠죠?

이제 연구 팀은 도대체 왜 A+B가 C가 아닌 D가 되는지 과학적으로 뒷받침해야 합니다. 이를 위해 보충 실험을 설계하고 수행하여 자신들의 실험 결과를 과학적으로 이해하려 하는데 이 과정에서 새로운 규칙을 발견하거나 만들어 내기도 합니다. 기존에 알려진 이론으로 설명하기 어려운 결과를 정확히 이해하기 위해서는 뭔가 새로운 이론적 틀이 필요할 테니까요. 실제로 이때 과학자의 창조적인 사고력이 필요합니다. 연구원들의 실력이 급격히 향상되는 시점에 바로 이러한 기회들이 다가오죠. 기존에 없는 새로운 과학적 규칙을 창조하는 것이 쉬운 일은 아니니까요.

그래서 세계적인 연구자들은 자신들의 예상과 다른 결과가 도출되면 오히려 기뻐합니다. 보통 사람의 마인드와는 정반대죠. 자신들의 이해 범위 안에서 어떤 과학적인 사실이 발견되는 것은 기존 과학 이론의 범위를 조금 더 확장하는 일이지만, 자신들이 이해할 수 없는 새로운 연구 결과를 맞닥뜨릴 때는 (실험적 오류가 없다는 전제하에) 새로운 원리나 질서를 발견하는 순간을 경험하게 되는 셈이니까요.

최초로 발견된 원자핵, 100년 후 확정된 중력파

이와 같은 경우의 가장 대표적인 예가 바로 어니스트 러더퍼드

(1871~1937)의 원자핵 발견이었습니다. 당시 러더퍼드는 그의 스승이었던 조지프 존 톰슨의 이론대로 건포도가 송송 박힌 빵 형태의 원자를 받아들인 상태에서 실험을 수행하고 있었습니다. 바로 얇은 금속박에 알파선을 입사하는 실험이었죠. 톰슨이 제안한 원자 모형대로라면 예상되는 실험 결과는 자명했습니다. 헬륨 원자핵이었던 알파선은 매우 무거운 입자였기 때문에, 그것을 얇은 금속박에 입사하는 건 마치 휴지 조각에 대포를 쏘는 것과 같은 상황이었고, 따라서 모든 알파입자는 100% 금속박을 직선으로 통과해야 했습니다. A+B=C라는 당연한 예상이었죠.

하지만 이상하게도 아주 일부이긴 하지만 매우 다른 경로로 움직이는 알파입자가 자꾸 검출되었습니다. 때로는 원래 경로를 아주 많이 벗어나기도 했는데 심지어 거의 완전히 뒤쪽으로(반대 방향으로) 튀는 입자들도 있었죠. 이에 러더퍼드는 대학원생들이 뭔가 실수를 했다고 생각하여 반복 실험을 지시했지만 결과는 변함이 없었습니다. A+B=D라는 결과가 지속적으로 나오면서, 원자에는 그가 몰랐던 비밀이 숨겨져 있다고 말해 주는 셈이었죠.

러더퍼드는 알파입자를 튕겨 낼 수 있는 강력한 입자가 원자의 중심에 뭉쳐 있지 않고서는 이러한 실험 결과가 설명되지 않는다고 확신했고, 이것이 최초의 원자핵의 발견으로 이어집니다. 더 나아가 러더퍼드는 스승의 모형을 대체하는 태양계 원자모형을 제시하면서 자신이 얻은 결과를 더욱 일반화하게 되죠. 과학은 이렇게 전혀 예상치 못한 결

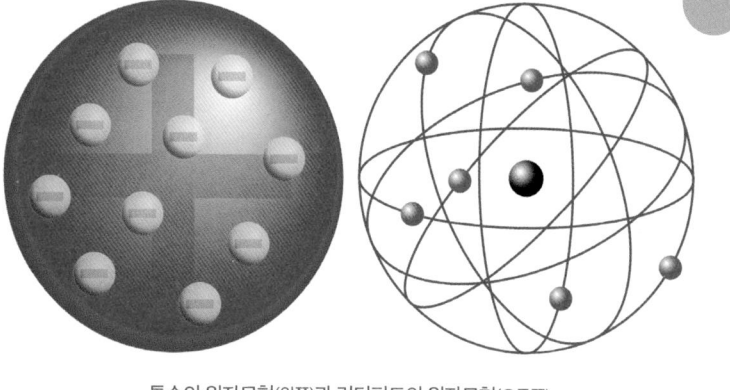

톰슨의 원자모형(왼쪽)과 러더퍼드의 원자모형(오른쪽)

과를 우리에게 보여 주면서 감춰져 있던 새로운 모습을 드러냅니다.

그렇다고 해서 A+B=C라는 예상된 결론을 얻는 일이 무조건 그 가치가 덜한 것은 아닙니다. 모두가 예상은 했지만 실제로 그와 같은 결론을 얻기가 대단히 힘들다고 생각했는데 모든 실험적 난제를 극복하고 원하는 결과를 얻었던, 그래서 세상을 바꿨던 물리학 연구들도 많습니다. 즉, 이것은 파인만 알고리즘 1번인 문제는 알려져 있지만 그를 해결하기 위한 2번이 대단히 어려운 경우죠.

대표적인 예가 중성자별이나 블랙홀 같은 천체들의 충돌로 인한 중력파의 발견입니다. 아인슈타인이 1916년에 예측한 중력파는 그의 중력장 방정식의 핵심 개념이었습니다. 그의 중력이론은 100년이 넘는 기간 동안 천문학과 천체물리학에서 법칙으로서의 지위를 누려 왔으며, 중력파의 존재를 부정하는 물리학자는 없었습니다. 하지만 아인슈타인이 일반상대성이론으로 노벨상을 받지 못한 이유는 그토록 당연해 보

였던 중력파의 존재를 실험으로 검증하지 못했기 때문입니다. 그리고 그의 사후에도 수많은 물리학자들이 중력파를 찾는 일에 매달리지만 성공하지 못합니다.

실험물리학자들은 어떻게 하면 중력파를 검출할 수 있을지 머리를 싸매고 실험을 설계하지만 대부분 수포로 돌아갑니다. 가장 큰 이유는 중력파의 세기가 너무나 미약하다는 것이었습니다. 분명히 존재는 하지만 그 세기가 믿을 수 없이 약하다면 존재를 규명하는 일이 쉽지 않으니까요. 결국에 중력파 검출 실험은 누가 더 미약한 신호를 잡아낼 수 있는가에 대한 경쟁이 되었습니다.

그리고 그 해답은 미국의 천체물리학자 킵 손(1940~)이 제시합니다. 그를 비롯한 과학자들은 레이저 간섭계 중력파 관측소, 즉 '라이고' 라는 수 킬로미터 길이의 거대한 시설물을 설치하고, 2016년에 처음으로 중력파를 관측하게 됩니다. 라이고는 1992년 미국 워싱턴주 핸포드, 그리고 거기서 3,000km 떨어진 루이지애나주 리빙스턴에 각각 설립되었습니다. 캘리포니아 공과대학교의 킵 손과 로널드 드리버, 매사추세츠 공과대학교의 라이너 웨이스가 공동 설립했죠. 각 시설에는 4km의 길이에 1.2m의 지름을 가진 90도 각도의 다리 두 개가 있습니다. 블랙홀 충돌로 발생한 강한 중력파가 퍼지면서 시공간에 파동을 일으키면, 수직인 두 다리의 방향으로 레이저를 분리해 보내고 그로부터 반사된 빛을 모아 변화된 경로를 분석해 시공간의 파동을 측정하죠. 이것을 두 관측소에서 동시에 실행하여 다른 위치에 따른 미세한 시차로 파원(파

거대 블랙홀의 충돌로 발생한 중력파에 대해 설명 중인 라이고 연구 팀

동의 원천이 되는 진동원) 방향을 추정하는 겁니다. 바로 이러한 방식을 통해, 100년 전에 예측되었고 누구나 사실일 거라고 믿었지만 실제로 측정하지 못했던 중력파의 존재를 밝힌 거죠.◆

답을 쓰기: 나 홀로 천재는 더 이상 없다

자, 이제 답을 찾았다면 마지막 단계인 답을 정확하게 쓰는 일을 해야 합니다. 답을 쓴다? 이것은 결국 과학 논문을 써야 한다는 뜻입니다. 연구자들은 자신이 제안하고 해결한 연구를 논문이라는 형태로 만들어

◆ B. P. Abbott et al., "Observation of Gravitational Waves from a Binary Black Hole Merger", *Physical Review Letters*, 116, 061102(2016).

출판합니다. 논문이란 과학자가 자신이 얻은 연구 결과를 정리하여 공표하는 수단으로, 결과를 보여 주는 각종 그림들과 도표들, 그리고 그를 설명하는 글로 구성되죠. 자신이 이 연구를 왜 수행했는지, 기존 연구의 문제점과 한계점은 무엇이었는지, 그리고 연구를 통해 얻어 낸 새로운 결론이 무엇인지 간단하게 정리한 초록abstract을 기술하고, 본문에 이와 같은 내용을 상세히 기술합니다. 보통 짧게는 3페이지, 길게는 10페이지 넘게 작성하기도 하는데, 논문의 내용에 따라 연구자들이 선택할 수 있습니다.

이렇게 작성한 논문을 과학 저널에 투고해, 저널에서 선정한 심사 위원들의 평가를 거쳐 승인되면 비로소 출판이 되죠. 일반인들도 잘 알고 있는 《네이처》나 《사이언스》가 가장 대표적이면서 명성이 높은 과학 저널들입니다. 즉, 심사 과정이 매우 어려워서 그만큼 게재가 쉽지 않다는 뜻입니다. 이 외에도 다양한 저널이 있으며, 연구자들은 자신의 연구 결과를 저널에 게재함으로써 연구 성과를 알리고 공유하면서 이후 수행할 연구의 기반을 만들어 갑니다. 이공계 분야에서 논문은 대부분 국제 학술지에 게재하게 되므로 영어로 써야 합니다. 물론 기존 논문 또한 대부분 영문으로 읽어야 하고요. 이처럼 논문을 읽고 쓸 때, 그리고 학회 같은 곳에 참석해 자신의 연구를 발표할 때 대부분 영어를 사용하기 때문에 기본적인 영어 능력을 반드시 갖추어야 합니다.

지금까지 설명한 바와 같이, 파인만 알고리즘을 기반으로 연구를 독립적으로 수행할 수 있을 때 박사 학위를 받게 됩니다. 결국 박사란

SCIENCE

AN ILLUSTRATED JOURNAL

PUBLISHED WEEKLY

VOLUME I

FEBRUARY–JUNE 1883

CAMBRIDGE MASS.
THE SCIENCE COMPANY
MOSES KING PUBLISHER
1883

《네이처》(1869~)와《사이언스》(1883~)의 창간호 표지

지도 교수의 도움 없이 독자적으로 연구를 수행할 수 있는 역량을 갖추었다는 자격증 같은 거죠. 하지만 오해하지 말아야 할 것이 있습니다. 독자적으로 연구를 수행할 수 있다는 것이, 앞서 설명한 모든 과정을 누구의 도움도 없이 혼자서 이룰 수 있어야 한다는 뜻은 아니라는 겁니다. 물론 독립된 연구자라면 파인만 알고리즘에서 1번 능력을 반드시 갖추어야 하지만 그 역시 다른 연구자들과의 왕성한 소통을 통해 그 역량을 배가할 수 있습니다.

현대의 프런티어 연구는 더 이상 홀로 모든 것을 해내야 하는 시스템이 아닙니다. 한층 더 규모가 커지고 복잡해지는 연구를 수행해야 하

2장. 현재: 학문의 경계를 허물다

는 상황 속에서 연구자들은 개개의 능력을 기반으로 활발한 공동 연구를 통해 새로운 연구 결과를 도출해야 합니다. 그 옛날 맥스웰이나 아인슈타인처럼 홀로 연구하여 세상을 놀라게 할 수 있는 결과를 얻는 것은 이제 거의 불가능합니다. 예컨대 2017년 노벨 물리학상은 앞서 이야기한 중력파의 발견으로 킵 손, 라이너 바이스, 배리 배리시가 공동 수상했죠. 하지만 라이고를 건설하고, 연구 결과를 분석하기 위한 이론적·실험적 틀을 제공했던 수많은 과학자들 역시 노벨상을 받아도 무리가 없을 만큼 위대한 공헌을 했다는 사실을 기억해야 합니다.

이렇듯 과학자들 간의 공동 연구는 연구의 기본 플랫폼으로 자리 잡았습니다. 서로 다른 분야를 연구하는 물리학자들, 그리고 물리학자들과 화학자들, 생명과학자들, 그리고 공학자들은 앞으로 더욱 활발한 공동 연구를 통해 새로운 발견을 해 나갈 겁니다.

기초과학의 힘:

Research&Discovery

독일에서 미국으로 옮겨 간 과학의 중심

한 나라의 기초과학이 튼튼해야 하는 이유는 무엇일까요? 그 답을 분명히 하기 위해, 미국이라는 나라를 생각해 봅시다. 미국은 제2차 세계대전 이후 지금까지 여전히 세계 최강대국의 지위를 유지하고 있죠. 그 원동력으로는 정치적인 이유, 지정학적인 이유, 지리적인 이유 등 다양한 요인이 있겠지만 그중에서도 가장 강력한 이유는 미국이 자연과학의 산실이라는 겁니다. 다시 말해 미국이 최강대국이 될 수 있었던 건 기초과학이 가장 발전했기 때문이죠.

기초과학은 모든 과학기술의 원천이며 이를 기반으로 모든 산업, 군사, 무기 관련 분야들이 발전합니다. 과학의 역사를 보면 고대 그리스 시대부터 20세기 초반까지는 대부분의 과학적 진보가 유럽에서 이루어

졌지만, 이후의 수많은 성취는 미국을 중심으로 이루어진 걸 알 수 있습니다. 그렇다면 왜 20세기 중반부터 미국으로 과학의 주도권이 넘어갔을까요?

여러 가지 요인이 있지만 무엇보다도 1930년대 후반부터 벌어진 제2차 세계대전이 가장 큰 원인일 겁니다. 당시 독일의 나치당은 정권을 장악한 후 반유대주의를 표방하며 유럽의 많은 나라를 침공했는데, 이때 수많은 수학자 및 과학자들이 박해를 피해 미국으로 건너가게 되거든요. 아인슈타인도 그랬고, 양자의 자기적 성질을 연구한 오토 슈테른(1888~1969), 배타 원리(원자 내에 있는 각 전자는 동일한 양자 상태에 있을 수 없다는 원리)를 발견한 볼프강 파울리(1900~1958), 핵융합 과정을 처음으로 규명한 한스 베테(1906~2005), 핵물리학의 설계자로 불리는 엔리코 페르미(1901~1954), 물리법칙의 대칭성과 보존 법칙의 관계를 규명한 에미 뇌터, 게이지이론의 창시자 헤르만 바일(1885~1955), 불완전성정리로 수학계의 거장이 된 쿠르트 괴델(1906~1978) 등이 모두 미국으로 망명합니다.

미국 과학이 성장할 수 있었던 데에는 19세기에 크게 발전한 독일의 대학 교육과 20세기 초반 나치 지배 시기에 미국으로 망명한 이들 독일 과학자들의 영향이 매우 컸습니다. 위에서 언급한 대부분의 학자들이 모두 독일 출신이었으니까요.

실제로 19세기까지만 해도 독일의 많은 대학은 학문적 명성과 과학의 우수성으로 인해 당시 많은 미국 과학자들에게 선망의 대상이었

별의 지름을 측정하기 위해 후커 망원경의 상단에 장착한 마이컬슨 간섭계

습니다. 그래서 지금과는 반대로 독일에서 유학한 미국 과학자들이 고국으로 돌아와서 그 지식을 전파했죠. 대표적으로 앨버트 마이컬슨(1852~1931), 로버트 오펜하이머(1904~1967), 이지도어 라비(1898~1988) 등이 그러한 경우입니다.

마이컬슨은 '마이컬슨 간섭계'를 고안하여 아인슈타인의 특수상대성이론의 실험적 배경을 제공한 인물입니다. 독일 베를린훔볼트대학교에서 당시 가장 명망 있던 물리학자 중 한 명인 헤르만 헬름홀츠의 지도하에 연구를 수행했죠. 미국으로 돌아온 후에는 시카고대학교에서 교수로 지내면서 로버트 밀리컨(1868~1953)과 같은 대학자를 지도하기도 합니다.

원자폭탄을 개발한 맨해튼계획의 수장이었던 오펜하이머는 뉴욕 출생으로 하버드대학교 화학과를 우수한 성적으로 졸업한 후 유럽으로 유학을 갑니다. 영국의 캠브리지대학교와 독일의 괴팅겐대학교에서 공부했는데, 이때 그의 지도 교수는 유명한 물리학자이자 수학자인 막스 보른(1882~1970)이었죠. 또한 오펜하이머는 코펜하겐 학파◆의 일원으로서 닐스 보어의 영향을 강하게 받아 양자역학의 발전에 큰 기여를 합니다. 미국으로 돌아온 후 UC버클리대학교의 교수로 지내면서 양자역학과 천체물리학에서 괄목할 만한 업적을 이루게 되죠.

라비는 1944년에 노벨 물리학상을 수상한 대학자입니다. 오스트리아에서 태어났지만 바로 이듬해에 가족이 뉴욕으로 이주하죠. 그는 코넬대학교와 콜롬비아대학교에서 공부하고 1927년에 독일로 유학하여 하이젠베르크, 파울리, 슈테른 등 당대 최고의 물리학자들과 같이 연구할 수 있는 기회를 갖게 됩니다. 이때 얻은 양자역학적 지식을 기반으로 그는 1937년에 핵자기 공명 분광법을 개발했는데, 이는 원자핵의 양성자들의 스핀(양자역학적인 입자나 계가 궤도운동에 따른 각운동량과는 별도로 갖고 있는 운동량)을 측정하여 자기적인 성질들을 규명할 수 있는 놀라운 방법이었습니다.

◆　현재 양자역학의 해석과 관련한 철학적 토대는 주로 코펜하겐 학파에 의해 정립되었다. 보어를 수장으로 베르너 하이젠베르크, 막스 보른, 볼프강 파울리 등 당시 가장 명성이 높았던 물리학자들이 이 학파에 속해 있었다. 그중 하이젠베르크는 학파의 핵심 멤버로, 불확정성원리를 발견하여 보어의 상보성원리 확립에 가장 큰 영향을 미쳤으며, 이에 관한 내용을 『부분과 전체』에 자세히 기술하고 있다.

이처럼 독일 과학의 전성기는 히틀러의 등장 이후 막을 내리고, 나치당의 박해를 피해 미국으로 망명한 독일어권 과학자들이 탁월한 족적을 남기며 미국 과학의 발전에 결정적인 기여를 합니다. 독일뿐만 아니라 전 유럽에 걸쳐 일어난 전쟁으로 인해 수많은 유럽의 과학자들이 미국으로 망명하고, 미국은 전 세계 유수의 인재를 빨아들이는 블랙홀이 되어 급속한 과학의 발전을 이루죠.

이와 같이 독일 나치당의 출현과 제2차 세계대전은 세계사적으로도 엄청난 전환기였지만 과학 분야에서도 변곡점에 해당되는 매우 중요한 사건이었습니다. 이 전쟁 이후 미국은 20세기 중반부터 세계 최고 수준의 과학기술을 보유하게 되면서 초강대국으로서의 위상을 공고히 하고 있습니다. 현재까지도 범접할 수 없는 최고 수준의 연구 중심 대학들을 기반으로 기초과학의 세계적 흐름을 주도하고 있죠. 유수의 과학자들이 매년 미국으로 모여들며 능력과 실력이 있는 누구나 미국 대학교에서 자유롭게 연구할 수 있는 데다 교수직도 얻을 수 있을 만큼 개방되어 있기 때문에 더욱 많은 인재들이 미국에서 공부를 하게 되는 선순환 구조입니다. 제2차 세계대전이라는 역사적인 특이점과 더불어, 능력만 있다면 인종과 국적을 가리지 않고 이민자들에게 기회를 주는 개방적인 사회가 서로 결합하면서 미국이 현재의 지위를 갖게 된 겁니다. 제가 유학했던 로체스터대학교 광학연구소도 전체 연구원의 절반 이상이

외국에서 온 인재들이었는데, 이들과 늘 스스럼없이 토론했던 기억이 아직도 강하게 남아 있습니다.

이와 같은 미국의 강점은 우리에게도 시사하는 바가 많습니다. 우수한 인재들이 워낙 많고 자유로운 사고를 중시하는 풍조 덕분인지 어떠한 현상을 바라보는 관점이 매우 다양하고, 그 때문에 기존의 틀을 깨고 새로운 생각으로 뻗어 나갈 수 있기 때문입니다. 그리고 이러한 방식은 어느덧 미국의 상징적인 교육 마인드로 자리 잡았습니다.

사실 지금까지 한국의 문제 해결 능력은 주어진 전제와 규칙을 충실히 따르면서 그 안에서 해법을 찾는 방식으로 길러져 왔습니다. 5지 선다형의 객관식 문항으로 주어지는 수학능력시험을 통과하기 위해서는 정답과 오답을 정확하게 구분하는 것이 가장 중요하고, 이는 혹시라도 다르게 생각할 수 있지 않을까라는 질문 자체를 차단해 버리죠.

설사 그러한 방식으로 대학에 입학했다고 하더라도 대학 교육조차 이러한 틀에서 크게 벗어나지 않습니다. 학점을 잘 받기 위해서는 강의를 하는 교수가 갖고 있는 세계관의 틀을 벗어나면 안 되며, 이는 또 다른 가능성에 대한 다양한 생각들을 원천적으로 차단합니다. 정해진 루트를 찾아내어 따라가면서 답을 찾는 이러한 방식은 앞에서 이야기한 첫 번째 루트, 즉 A+B=C처럼 매우 정확하면서 간결한 연구 성과를 보여 주기에는 적합하겠지만, 두 번째 경우, 즉 A+B=D가 나오는 상황에서는 큰 힘을 발휘하지 못합니다. 이러한 경우에는 기존의 방식과는 전혀 다른 관점으로 현상을 바라볼 때 해결되는 문제가 많죠.

과연 한국의 과학자들이 규칙을 잘 따르면서 문제를 해결하는 것을 넘어서서 새로운 규칙을 만들어 낼 수 있는 능력을 얼마나 많이 갖추고 있는지 생각해 보아야 합니다. 이는 비단 과학의 영역에만 국한되지 않죠. 자신만의 생각을 형성하지 않은 채 정해진 길을 따라가면서 반복되는 훈련으로만 교육을 받는다면, 톱니바퀴처럼 굴러가는 세상에 자신을 잘 맞출 수 있지만 스스로 새로운 가치를 창출하는 동력원은 절대로 되지 못할 겁니다.

이러한 능력은 교육적 시스템을 통해 향상시키는 것도 중요하지만 다양한 연구자들과 함께 격의 없이 토론할 수 있는 문화적 기반이 갖춰질 때 더욱 발전할 수 있다는 것을 미국의 경우를 통해 알 수 있습니다. 수평적인 토론을 통해 자신만의 아이디어를 형성하고 이를 통해 어려운 문제를 해결하는 문화, 항상 의심을 갖고 비판적인 태도를 기반으로 새로운 질서를 만들어 내려는 시도를 허용할 수 있는 국가적 역량이 필요한 거죠. 그리고 이렇게 성장한 문화는 학문적 경직성을 무너뜨릴 겁니다.

2022년 필즈상을 수상한 허준이 프린스턴대 교수는 조합론 분야에서의 난제로 알려진 '리드 추측'을 대수기하학을 기반으로 증명해 낸 공로를 인정받았습니다. 학문적 경직성을 정면으로 돌파하여 업적을 이룬 케이스라고 볼 수 있죠. 조합론과 대수기하학은 수학에서도 서로 연관성이 거의 없어 보이는 분야인데, 그는 두 분야 사이에 깊은 터널을 꾸준히 파서 둘을 연결시킴으로써 오랜 난제를 해결한 겁니다.

2018년 리우데자네이루 국제수학자대회에서 허준이

  최근 한국의 연구 역량도 급속도로 발전하면서 현재 주요 대학에 재직 중인 교수들 대부분이 미국 대학에서 학위를 받거나 연구원 생활을 한 경력을 갖고 있습니다. 이들로부터 교육받은 후학들은 이제 국내에서 박사학위를 받고도 세계적인 과학 저널에 논문을 발표할 수 있는 실력을 갖추게 되었습니다. 그 결과, 인도나 파키스탄, 베트남 등 다양한 나라의 많은 학생들이 과학을 배우기 위해 한국으로 유학을 오게 되었고요. 우리의 수많은 인재들이 미국이나 유럽의 과학 선진국에서 유학하며 과학 발전을 주도했듯이, 이제는 우리도 그들을 제대로 교육하고 성장시킬 수 있는 역량을 갖추는 것이 중요한 과제가 된 셈입니다. 그렇게 해야 더욱 많은 유수의 인재들이 한국을 찾을 것이고, 서로 시너

지 효과를 내면서 우리가 과학 강국으로 발돋움할 수 있는 기반이 마련될 겁니다.

과학기술, R&D라는 말에 숨은 함정

하지만 이것은 소수의 연구자들만 노력해서 되는 문제는 아닙니다. 무엇보다도 기초과학을 바라보는 국가와 대중의 관점이 바뀌어야 진정한 과학 강국으로 발돋움할 수 있습니다. 우리나라 헌법에는 과학에 대한 조항이 딱 하나 있죠. 바로 제9장 제127조 제1항입니다.

> 국가는 과학기술의 혁신과 정보 및 인력의 개발을 통하여 국민경제의 발전에 노력하여야 한다.

과학과 관련한 헌법 조항이 단 하나뿐인 것도 서글픈 일이지만, 이 조항은 기초과학의 관점에서 볼 때 오히려 지양해야 할 인식적 한계를 보여 주고 있습니다. 우선 '과학기술'이라는 용어를 생각해 보면 그 의미가 과학보다는 기술에 더 중심을 두고 있다는 것을 알 수 있습니다. 과학과 기술이 애초에 다른 개념이기에 과학기술이라는 말 자체에 어폐가 있다는 주장은 차치하더라도, 과학이 형용사가 되어 기술이라는 목표를 수식함으로써 마치 과학이 경제 발전을 위해서만 존재한다는

뜻으로 비춰질 수 있습니다.

그렇다고 과학기술이라는 용어가 현재 프런티어 영역에서 활발히 이루어지고 있는 기초과학과 공학 분야의 융합 연구를 뜻하는 것도 아닙니다. 위 헌법 조항에 드러나 있는 과학에 대한 가치관이 개선되지 않는 한, 과학기술이라는 용어는 본질적인 융합적 가치관을 보여 주기보다는 여전히 과학이 국민경제 발전의 도구로서만 받아들여지는 오해를 만들어 낼 겁니다.

물론 과학이 경제를 비롯해 인류 문명의 발전에 지속적으로 기여해 왔음은 부인할 수 없는 사실입니다. 하지만 그것은 과학이 자연과 우주에 대한 인간의 지적 호기심에서 출발하여 그 근본적 원리를 발견해 나가는 과정에서 이루어진 성과들일 뿐입니다. 처음부터 인류의 경제 발전을 위한 수단으로 존재했던 것이 아니고요.

실제로 과학은 실용성이 아닌 근본적인 지적 호기심을 추구하면서 발전할 때 인류 문명에 더 큰 기여를 해 왔습니다. 이는 기초과학이 응용과학에 필요한 부속물이 아니며, 우주의 원리를 탐구하는 독자적인 관점을 견지하면서도 응용과학과의 상호 연계를 통해 인류 문명을 발전시킬 수 있다는 것을 의미합니다.

영국 케임브리지대학의 캐번디시연구소는 자연과학 분야에서 세계 최고의 연구소 중 하나로 꼽힙니다. 설립 당시만 해도 학문적인 목적의 연구소가 상업 회사와 협업해서 프로젝트를 진행하는 것을 아예 금기시하던 분위기였음에도, 이들은 자신들의 연구 실적이 상업화되는

것에 굉장히 열린 태도를 보였습니다. 자신들이 얻은 특허를 회사들에 넘겨주고 그 대가로 연구 자금이나 실험 기기를 지원받음으로써 소위 말하는 산학 협력의 표본을 보여 주었죠.

캐번디시연구소는 이 같은 전통을 '지적 연계'와 '상호 이득'이라는 말로 당당히 표방해 왔습니다. 이렇게 개방적인 사고는 천재적인 인재들을 모으는 데 큰 힘을 발휘했고, 외부적인 환경 변화에 영향을 받지 않고 자신들의 의도대로 연구를 수행할 수 있게 함으로써 수많은 획기적인 성과를 만들어 왔습니다.

지금도 수많은 대기업들이 캐번디시연구소를 후원하고 있으며 최근까지 천체물리학, 응집물질물리학, 나노전자학, 바이오물리학 분야에서 탁월한 성과를 거두고 있죠. 1995년부터 연구소장을 맡아 온 리처드 프렌드 교수는 태양전지를 비롯한 광전 나노 소자 분야를 선도하는 세계적인 석학으로, 전 세계 나노 기술 연구를 이끌고 있습니다.

한국도 2010년부터 기초과학연구원(IBS: Institute of Basic Science)을 전국에 설립하여 현재 30여 개의 연구단을 운영하고 있습니다. 중·장기적인 기초과학의 발전을 위해서는 안정적인 연구 재정과 다양한 인재 영입이 필요하다는 인식하에 출발한 IBS는 지금도 시행착오를 겪고 있긴 하지만 앞으로 우리 과학의 기초 체력을 기르는 데 큰 역할을 할 것으로 기대됩니다. 다만 과학에 대한 국가적 인식은 좀 더 변해야 한다고 생각합니다. 대표적으로 과학의 진흥을 위해 지원하는 R&D라는 펀딩에 대해 많이 들어 보셨을 겁니다. 이는 연구 및 개발^{Research & Development}

이라는 뜻인데, 다시 말해 기초과학 연구가 가시적인 무엇인가를 개발해야만 그 성과가 인정된다는 인식이 반영되어 있죠.

예컨대 제가 양자점quantum dot에서 일어나는 동역학적 현상에 관한 연구 결과를 국제 학술지 저널에 발표한 적이 있었습니다.◆ 이 성과를 알리고자 보도자료를 제작해야 했는데, 그때 제가 제출한 기사의 원제목은 "양자점 내에서의 오제 재결합 현상을 메타물질을 이용하여 억제"였죠. 그런데 정식 기사로 나간 제목은 "QLED의 효율을 증가시킬 수 있는 방법 개발"이었습니다. 제가 수행한 기초 연구가 양자점을 기반으로 하는 디스플레이 소자의 효율을 증가시킬 수 있다는 점을 강조한 거죠.

물론 틀린 말도 아니고 제가 그 가능성을 논문에 제시한 것도 사실이지만 저는 양자점 내에서 일어나는 동역학적 현상을 근본적으로 제어하는 데 성공한 사실을 알리고 싶었지, 디스플레이의 효율을 증가시킬 수 있다는 관점에서 제 연구를 소개하고 싶지는 않았거든요. 이를 통해 우리 사회가 과학을 실질적 응용 소자 개발의 도구로 인식하고 있다는 사실을 직접적으로 체감할 수 있었습니다. 그런 의미에서 R&D가 'Research & Development'가 아닌 'Research & Discovery'(연구와 발견)의 약자로 바뀌었으면 좋겠다는 어느 과학자의 주장에 저도 매우 동의합니다.

◆　　Kwang Jin Lee et al., "Tailoring Transition Dipole Moment in Colloidal Nanocrystal Thin Film on Nanocomposite Materials", *Advanced Optical Materials* 10, 2102050(2022).

기초과학보다 공학적 응용을 더 강조했을 때 이어질 수 있는 결과는 역사를 통해서도 알 수 있습니다. 그리스와 로마 시대의 대조가 대표적이죠. 고대 그리스는 피타고라스, 플라톤, 아리스토텔레스가 활약하던 시기에 자연과 우주의 근본을 논했고, 기원전 322년 마케도니아의 알렉산더대왕에 의해 정복된 후 헬레니즘 시대가 활짝 열리면서 수학과 과학의 황금기를 이끌었습니다. 수도인 알렉산드리아에는 거대한 도서관이 건립되었으며, 이 시대를 대표하는 3대 수학자가 오늘날까지도 수학 교과서에 등장하는 유클리드, 아르키메데스, 아폴로니우스일 정도로 찬란한 문명을 꽃피웠죠.

하지만 서기 2세기경 그리스가 로마에 의해 완전히 멸망하면서 그토록 찬란했던 수학과 과학 문명은 비참한 말로를 맞게 됩니다. 즉, 로마 시대가 열리면서 실질적으로 과학 분야의 진보는 거의 멈추었다고 봐도 무방합니다. 수백 년에 걸쳐 꽃피웠던 그리스의 문화는 대부분 파괴되었고, 로마인들은 그리스인들의 추상적인 지식을 경시하면서 그와 정반대인 실용적인 지식을 추구했으며, 그것을 대단히 자랑스럽게 여겼습니다. 철저히 짓밟힌 그리스의 문화 위에 육교, 도로, 다리 등과 같은 광대한 공학적 기획들이 세워졌죠. 그들은 구체적인 생각에만 집착했고 특정 용도로의 응용 이외에는 신경을 쓰지 않았습니다.

예컨대 강의 너비를 알아내기 위한 방법을 찾는다고 해 봅시다. 로

영국 바스에 남아 있는 로마 시대 목욕탕 유적

마인들은 기하학을 이용하여 해답을 찾는 것이 아니라, '전쟁 중에 적군
이 강 반대편에 있을 경우 강의 너비를 어떻게 측정해 전투를 승리로 이
끌 수 있는지'라는 식으로 문제를 환원해 버렸죠. 수학과 예술의 이상성
을 추구하던 그리스의 건축 문화 역시, 유용한 목적으로 이용되는 목욕
탕과 같은 공공건물로 대체되었습니다.

　　로마 시대 과학의 쇠퇴는 로마가 그리스와 달리 상업을 금지한 것
과도 밀접한 관계가 있습니다. 상업의 비활성화는 상인 특유의 계량적
인 사고가 결여되게 만들었고, 이는 곧 수학과 과학의 쇠퇴로 이어졌다
는 거죠. 또한 로마 시대에 등장한 기독교에 의해 반과학적 분위기가 조

성된 측면도 무시할 수 없습니다. 2009년에 개봉한 영화 〈아고라〉는 서기 400년대 초 알렉산드리아의 여성 자연철학자였던 히파티아(370?~414)가 기독교도들에 의해 살해당했던 역사적 사건을 배경으로 하고 있습니다. 이 영화는 당시 저물어 가던 그리스 자연철학의 마지막 보루이자 이성의 상징이 종교에 의해 종말을 고하는 장면을 적나라하게 보여 줍니다.

특히 히파티아가 아리스타르코스(B.C.310~B.C.230)가 주장했던 지동설에 주목하는 장면은 매우 인상적입니다. 고뇌하던 히파티아는 결국 아폴로니우스의 주전원과 이심원을 기반으로 한 지구 중심론에 대한 주석서◆를 쓰는 것으로 천동설을 인정하게 되죠.

히파티아의 죽음으로 상징되는 수학과 과학의 쇠퇴는 로마인들의 단편적이고 근시안적인 태도로부터 비롯되었으며 스스로 학문적 고갈 상태를 초래하게 됩니다. 그리고 곧이어 등장하는 기독교 체제가 엄혹한 중세 시대를 열면서 유럽의 수학과 과학의 역사는 오랜 기간 그 맥이 끊기게 되죠.

지금에 와서 볼 때, 수학과 자연과학, 그리고 예술 분야에서 로마인들이 이룩한 업적은 그리스의 그것들보다 많이 부족하다고 할 수 있습니다. 이는 추상적 사고가 실용주의를 바탕으로 하지 않기 때문에 별 가치가 없다고 비난하는 일부 실용주의자들에게 경종을 울릴 만한 좋은

◆　　　주장을 펼치기 위해 자기 이름으로 책을 펴내기 시작한 것은 근대 이후의 일로, 근대 이전에는 대부분 기존 대가들의 책에 주석을 단 주석서로 사상을 표현했다.

본보기입니다. 또한 수학과 기초과학 분야에서 행해지는 고도의 근본적인 연구가 유용성이 없다고 비판하는 사람들이야말로 실은 실용적인 발전이 어떻게 이루어지는지 그 원리조차 모른다는 점 역시 잘 보여 줍니다.

오늘날 세계를 선도하는 나라들을 잘 살펴보면 혁신적인 아이디어와 기술을 산출해 내기 위해, 즉각적으로 응용될 수 없는 기초 연구에 수많은 시간과 자본을 투자하고 있다는 사실을 알 수 있습니다. 반면에 한국은 육이오전쟁 이후 급속한 경제 발전을 위해 상당한 기간 동안 응용 위주의 산업을 육성할 수밖에 없었습니다. 단기간에 성과를 내지 못하면 당장 배를 곯아야 하는 현실 속에서 기초과학을 육성한다는 것은 꿈도 꾸지 못했을 겁니다. 하지만 근원적인 지식의 탐구 없이 응용과학만으로는 과학 선진국, 나아가 경제 선진국으로 나아갈 수 없다는 것을 우리 모두는 잘 알고 있습니다. 우리가 한 단계 더 도약하기 위해서는 국가적으로 기초과학과 그 인력에 더욱 과감한 투자와 지원을 해야 합니다.

예컨대 유럽이 10조라는 거액을 들여서 LHC(대형 강입자 충돌기)를 건설하고 그를 통해 힉스 입자를 발견함으로써 세계 과학을 선도하던 바로 그 시기에, 한국은 그 두 배가 넘는 20여 조를 '4대강(한강, 금강, 낙동강, 영산강) 사업'에 투자했습니다. 물론 강을 살린다는 것은 좋은 일입니다. 하지만 21세기에 치수 사업을 명목으로 너무나 엄청난 국가 예산을 소모함으로써, 정작 많은 기초과학 예산들이 삭감되었다는 것도 부

2011년 낙동강의 금호강 지류 정비를 위해 중장비들이 대기하고 있는 모습

정할 수 없는 사실입니다. 이에 따라 프런티어 영역에서 연구하는 과학자들이 연구비 부족으로 상당한 어려움을 겪기도 했고요. 그리스의 모든 학문적 성과를 무너뜨리고 그 위에 목욕탕과 도로를 짓던 로마인들의 모습이 우리에게 겹쳐지는 것도 무리는 아닐 겁니다.

경계 없는 우주, 허물어지는 학문의 벽

캐번디시연구소: 신의 작품을 찾아내는 즐거움

케임브리지대학교의 캐번디시연구소는 1874년 창설된 이후 노벨상 수상자를 28명이나 배출한 세계 최고 수준의 자연과학 연구소입니다. 1974년 웨스트 케임브리지로 확장 이전하기 전까지 100년간 원래 연구소가 있던 고색창연한 건물은 '올드 캐번디시 랩'으로 불리고 있죠. 입구 오른쪽 벽에는 1906년 노벨 물리학상 수상자이자 3대 소장 조지프 존 톰슨이 이곳에서 전자를 발견했음을 알리는 표지판이 붙어 있고, 정문에는 다음과 같은 라틴어 문구가 새겨져 있습니다.

Magna opera Domini exquisita in omnes voluntates ejus.
신의 작품은 위대하다. 그 모든 것을 찾아내는 데 즐거움이 있다.

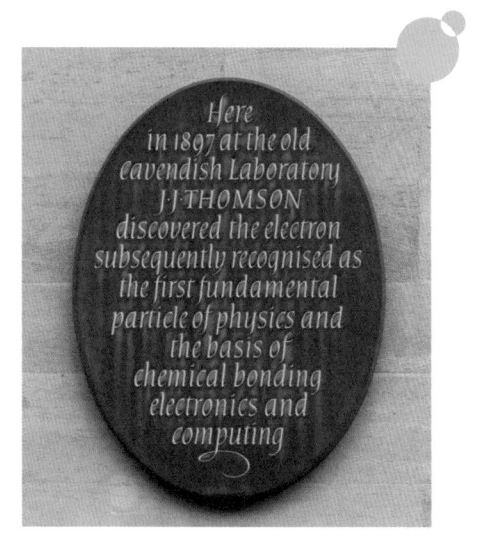

올드 캐번디시 랩 입구에 있는 톰슨의 업적에 관한 표지판

위대한 신의 작품을 찾아내는 즐거움을 예나 지금이나 즐기고 있는 캐번디시연구소는 현재까지도 전 세계 자연과학 연구의 메카로서, 프런티어 연구를 주도하고 있습니다. 연구소 근처의 '이글Eagle'이라는 펍은 연구소 150년 역사에서 가장 위대한 업적이 드러난 곳으로 유명하죠. 늘 이 펍에서 점심을 먹던 한 연구원 청년이 1953년 2월 21일, 이곳으로 뛰어들며 "우리가 생명의 신비를 밝혀냈어!"라고 외쳤으니까요. 이 청년이 바로 당시 생물학계의 난제였던 DNA 구조를 최초로 규명한 제임스 왓슨(1928~)이었죠. 당시 겨우 25세였던 왓슨은 물리학자에서 생명과학자로 전환했던 프랜시스 크릭(1916~2004)과 함께 DNA 이중나선 구조를 규명했습니다. 이는 인류 최고의 과학적 성과 중 하나로 평가받으며 1962년 노벨 생리의학상을 수상하게 되죠.

2장. 현재: 학문의 경계를 허물다

1953년 제임스 왓슨이 DNA를 발견했음을 공표한 이글 펍

　사실 캐번디시연구소가 설립된 19세기 후반, 당시 영국의 자연과학 교육은 뉴턴과 패러데이, 그리고 다윈의 위대한 업적이 무색할 정도로 초라했습니다. 영국의 최고 명문 대학 중 하나인 케임브리지대학 내에 자연과학을 공부하는 학생이 겨우 20명 남짓이었으니까요. 그나마 이들마저 교수 연구실에서 전통적인 영국식 도제 교육을 통해 공부했기 때문에, 시대를 선도하는 물리학자를 길러내야 한다는 과제를 충족시킬 수 없었죠.

　캐번디시연구소는 바로 이러한 상황을 타개하기 위해 만들어진 연구소입니다. 19세기 가장 위대한 물리학자였던 맥스웰이 초대 소장으로 임명되면서, 영국이 유럽 대륙에서 제일가는 기초과학 인재를 기르자는 의도로 야심 차게 출발했죠. 학생들이 직접 실험에 참여해 볼 수

있게 설계된 연구실과 공개 강의 목적의 첫 대형 강의실을 갖춘, 즉 배우고 연구하고 실험하는 연구소를 처음 시도했습니다.

설립 당시에는 연구원을 모두 케임브리지대학 출신들로만 채웠지만, 1895년부터는 외부에서 공부한 이에게도 연구원의 자격을 부여함으로써 당시로서는 획기적인 문호 개방 조치를 취했습니다. 비록 학위가 없더라도 학문 연구에 대한 경험이나 경력, 혹은 연구 실적을 갖춘 경우는 가감없이 인재로 받아들인 거죠.

이러한 조치는 대성공을 거둡니다. 개방을 하자 전 세계 인재들이 몰려오기 시작했고, 그로부터 불과 4년 후에는 전체 연구원의 거의 절반이 외국에서 온 학생들로 채워지거든요. 당시 갓 박사 학위를 받았던 23세의 미국인 청년 왓슨과, 심지어 아무런 학위도 없던 35세의 크릭 역시 이러한 외국인 출신 연구원으로서 1951년에 합류하게 되었죠. 이들이 캐번디시 최고의 업적을 만들어 낸 데에는 이러한 배경이 가장 큰 역할을 했습니다.

초기 캐번디시연구소를 빛낸 학자들의 면면에서 알 수 있듯이 캐번디시연구소는 사실 물리학의 성지였습니다. 일단 연구소장을 맡은 사람들부터가 전부 당대 최고의 물리학자들이었죠. 1대 소장은 빛이 전자기파라는 것을 확립한 맥스웰, 2대 소장은 아르곤을 발견한 존 레일리(1842~1919), 3대 소장은 전자를 발견한 조지프 존 톰슨, 4대 소장은 톰슨의 제자로 원자핵을 발견한 어니스트 러더퍼드, 5대 소장은 X선 결정학의 권위자였던 윌리엄 헨리 브래그(1862~1942), 6대 소장은 무질서한

고체 시스템, 특히 비정질 반도체의 전자구조에 대해 연구한 네빌 모트(1905~1996)였으니까요. 이 중 레일리와 톰슨과 모트는 1904년과 1906년과 1977년에 각각 노벨 물리학상을 수상했고, 러더퍼드는 1908년 노벨 화학상을 수상했습니다.

이 밖에도 미국 출신이지만 이곳에서 연구하며 빛의 입자성을 규명한 아서 콤프턴, 중성자를 발견한 제임스 채드윅(1891~1974), 전자에 의해 굴절된 결정 내에서의 상호간섭 현상을 실험적으로 증명한 과학자이자 조지프 존 톰슨의 아들이기도 한 조지 톰슨(1892~1975) 등 역시 노벨 물리학상 수상자였죠.

이렇듯 물리학으로 출발한 연구소에서 DNA 이중나선 구조라는 생물학계 최고의 발견이 이루어졌다는 것은 다소 역설적으로 보이기도 합니다. 하지만 그 위대한 성취에 이르는 과학자들의 도전 과정을 살펴보면 왜 물리학의 성지인 캐번디시에서 생물학의 새로운 기원이 열렸는지를 이해할 수 있습니다.

X선으로부터 DNA 발견, 브뤼셀레이터까지

1937년 러더퍼드의 뒤를 이어 5대 소장으로 임명된 윌리엄 헨리 브래그는 고체 내에서의 X선 회절 실험으로 1915년 노벨 물리학상을 수상했습니다. 그는 아들 윌리엄 로런스 브래그와 함께 결정 구조를 꾸준

히 연구해 1915년 X선 간섭에 관한 브래그 법칙을 발견했고, 아들과 함께 노벨 물리학상 공동 수상자로 등극하는 영예를 안았죠.◆

물리학계에서 결정의 구조를 알아내는 데 주된 방법으로 사용되었던 X선이 생명과학에 결정적인 기여를 함으로써, 자연을 연구하는 학문 사이에는 경계가 없다는 점이 상징적으로 드러난 셈입니다.

사실 양자역학이 탄생하며 물리학 역사에서 일대 변혁이 일어났던 20세기 초반, 생물학계는 상대적으로 정체되어 있었다고 볼 수 있습니다. 그러다 1943년 양자역학의 토대를 세운 에르빈 슈뢰딩거의 『생명이란 무엇인가?』라는 저서를 통해 전환점을 맞이합니다. 이 책은 20세기 중반 분자생물학이라는 새로운 학문을 탄생시킬 만큼 생명과학 발전에 큰 역할을 하죠. 물리학자의 관점에서 생명에 대해 기술한 명저로, 현재까지도 고전으로 인정받고 있습니다. 슈뢰딩거가 이 책에서 제기하는 문제는 다음과 같습니다.

생명은 스스로의 구조를 파괴하려는 경향에 어떻게 저항하는가?

생명체의 유전물질은 어떻게 불변인 채로 유지되는가?

유전물질은 어떻게 그렇게 충실히 그 자체를 재생산해 낼 수 있는가?

의식과 자유의지의 본질은 무엇인가?

◆　　브래그의 수제자 중 로절린드 프랭클린(1922~1958)이라는 영국의 여성 생물물리학자는 왓슨과 크릭이 DNA 이중나선 구조를 발견할 무렵에 X선 측정을 통해 DNA 구조에 한발 다가서면서 이들의 발견에 큰 공헌을 했다. 그러나 이후 프랭클린의 X선 회절 이미지가 왓슨과 크릭의 1953년 논문에 허가 없이 사용되면서, 프랭클린의 과학적 기여는 무시된 측면이 있다.

윌리엄 헨리 브래그가 윌리엄 로런스 브래그와 함께
결정 구조를 조사하기 위해 개발한 X선 분광계(1912)

　　살아 있는 세포의 핵심 성분인 염색체는 크기가 매우 작아 주변의
열에 의한 불규칙적인 요동으로부터 자유로울 수 없음에도 비교적 안
정적이며, 세대를 이을 수 있는 영속성을 갖습니다. 슈뢰딩거는 그것이
어떤 일정한 물리법칙을 따르기 때문이라고 추측했습니다. 조금 어렵
게 이야기하면, 비주기적인 결정구조를 갖는 유기체는 열운동의 무질
서를 벗어날 수 있도록 하는 특별한 구조가 존재하고, 이 구조는 양자역
학의 물리법칙을 따를 거라는 예측이었죠.

　　또한 슈뢰딩거는 자연계의 모든 현상은 엔트로피가 증가하는 현상
을 동반하고, 살아 있는 유기체는 계속해서 자체 내의 엔트로피를 증가

시켜 최대 엔트로피(죽음)의 위험한 상태로 다가가는 경향을 보이므로, 유기체는 음의 엔트로피를 얻어야 죽음에서 벗어날 수 있다고 주장합니다. 즉, 슈뢰딩거는 생명현상이 인간의 이성을 뛰어넘는 그 어떤 것이 아니라 단지 물리적·화학적 과정에 불과하며 유전정보는 단백질이라는 분자에 담겨 있으리라 추정했는데, 이는 대단히 통찰력 있는 논의였습니다(후에 DNA가 발견되면서 그의 추정이 옳았음이 판명되었으니까요).

슈뢰딩거의 정의대로 생명현상은 나노미터(10억분의 1미터, 단위는 nm) 수준의 미소微小 기계들이 에너지를 소비하며, 엔트로피 증가의 강한 저항을 극복하면서 질서정연하게 거동해 나가는 과정입니다. 수많은 분자들이 각각 구조적 평형상태를 절묘하게 유지하면서 아슬아슬한 상호작용을 안정적으로 이루며 한 방향으로 진행하는 물리적 사건을 이끌어 내는 거죠. 특히 온도 및 염도와 관련한 적절한 환경 조건, 에너지 조건, 그리고 적재적소에 필요한 구성 인자들의 존재와 같은 '사회적' 조건들이 갖춰지면 질서 있는 반응이 자발적으로 일어납니다. 여기서 '자발적으로'란, 에너지가 공급된다는 전제하에 전체 엔트로피는 늘어나면서 일어난다는 뜻이므로, 열역학 제2법칙을 위배하지는 않죠.

슈뢰딩거의 이와 같은 파격적인 주장은 왓슨의 연구 방향을 결정하는 데 엄청난 영향을 줍니다. 1950년 미국 인디애나대학에서 동물학 박사 학위를 받은 왓슨은 슈뢰딩거의 책을 읽고, 생물학을 분자의 관점에서 논하는 것이 대단히 중요할 뿐만 아니라 거대한 전환점이 될 거라 생각하게 되었죠. 그는 생명의 가장 근본적인 단위가 분자 스케일일 것이

미국의 유전학자 매클린 매카티(1911~2005)와 악수를 나누는 크릭과 왓슨

라 추측하고 이를 정확히 규명하는 것을 목표로 삼습니다. 그리고 이러한 연구를 위한 최적의 장소가 캐번디시연구소라고 판단하죠. 당시 캐번디시연구소는 X선 사진을 이용해 생물 분자의 3차원 구조를 밝혀내는 최고의 기술을 갖고 있었기 때문에, 유전자의 근본 구조를 파악하는 데 큰 도움이 될 거라는 사실을 알았던 겁니다.

왓슨과 같이 연구했던 크릭은 원래 유니버시티칼리지런던(UCL)에서 물리학을 전공한 물리학자였는데, 슈뢰딩거의 책을 읽고 (아마도 왓슨보다 더 깊은) 감명을 받아 제2차 세계대전 이후로는 연구 방향을 생물학으로 완전히 전환해 버리죠. 이 두 청년은 1951년 캐번디시에서 만나 공통된 목표를 공유했고, 프랭클린의 X선 촬영 연구 성과와 대서양 건너 또 다른 DNA 연구 경쟁자였던 미국 캘리포니아공대 라이너스 폴링(1901~1994)의 연구 성과를 바탕으로 DNA 구조를 입증해 냅니다. 이 업

적은 물리학과 생명과학의 완벽한 조합으로 탄생한 것이나 다름없었고, 일찍부터 문호를 개방하여 서로 다른 학문 분야 사이의 연결이 활발했던 캐번디시연구소만의 강점으로 인해 성취될 수 있었습니다. 이렇듯 학문의 경계를 녹이는 일은 지금까지 발견하지 못했던 새로운 현상을 밝히기 위해서 반드시 필요합니다.

또한 슈뢰딩거가 생명현상과 엔트로피에 대해 주장한 부분은 러시아 출신의 벨기에 화학자 일리야 프리고진(1917~2003)에 의해 과학적으로 검증됩니다. 그는 비평형 통계역학을 연구했고, 질서와 무질서, 평형과 비평형, 우연과 필연, 가역성과 비가역성의 관계를 이해하여, 비평형과 비가역성으로부터 질서의 근원과 한 방향으로만 흐르는 '시간의 화살'을 찾고자 했던 과학 사상가였죠. 그의 사상은 『혼돈으로부터의 질서』를 포함한 여러 저작들로 널리 알려져 있습니다.

프리고진 이전의 열역학이 주로 다루었던 시스템은 평형계로서, 이는 시간이 대칭성을 가지며 가역적이라는 전제하에 성립된 계입니다. 그러나 프리고진은 우주에는 평형계보다 열린 비평형계가 더욱 일반적이며, 시간은 비가역적일 수밖에 없다는 전제에서 출발합니다. 열린 비평형계의 대표적인 예가 바로 생명체죠. 생명체는 외계와 물질 및 에너지를 교환하면서 외부의 엔트로피를 더욱 증가시켜 내부를 더욱 질서정연하게 만드니까요.

프리고진은 열린 비평형계가 미시적 요동을 통해 무질서한 외계로부터 에너지를 얻고 거시적으로 안정적인 새로운 구조를 만들어 엔트

로피를 감소시킬 수 있음을 밝힙니다. 이러한 제안을 가상적인 화학반응계인 '브뤼셀레이터Brusselator'를 통해 수식화했고 이것이 생체 내에서 일어나는 수많은 화학반응들에 적용될 것으로 예측했죠. 이는 얼마 후에 소련의 과학자 벨루소프(1893~1970)와 자보틴스키(1938~2008)가 발견한 새로운 화학반응 실험을 통해 검증되었습니다. 슈뢰딩거의 주장을 과학적으로 증명한 겁니다.

프리고진은 생명체뿐만 아니라 일반적인 화학반응 과정에서 이러한 주장을 일반화하게 되고 이를 소산구조dissipative structure와 자기조직화self-organization 이론으로 정립합니다. 이 공을 인정받아 1977년 노벨 화학상을 수상하고요.

물리학으로 보는 주기율표: 우리는 별에서 왔다

초끈이론 연구자로서 과학 대중화에 앞장서고 있는 미국의 물리학자 미치오 카쿠(1947~)는 늘 이렇게 말합니다. 생명과학의 근원에는 화학이 있고, 화학의 근원에는 물리학이 자리 잡고 있다고 말이지요. 물론 모든 자연과학의 근원에 물리학이 있다고 해서 물리학이 가장 우월한 학문이라는 뜻은 아닙니다. 물리학자들은 화학자들만큼 분자에서 일어나는 다양한 현상을 깊이 이해하지 못하며, 생명과학적 현상에 대해서는 더더욱 아는 것이 별로 없죠. 자연현상을 설명하기 위해서는 다양한

단계와 계층이 존재할 수밖에 없고 그 일정한 영역을 물리학과 화학, 그리고 생명과학이 저마다 차지하고 있을 뿐입니다.

그렇다면 각 과학의 영역을 구분하는 뚜렷한 경계가 있을까요? 만약 있다면 그 경계는 어떻게 정해진 것일까요? 자연과 우주가 그러한 경계를 구분 지을 리가 없겠죠? 인간이 나름대로의 기준을 갖고 자연과학의 영역을 구별해서 정의한 학문들이 바로 물리학과 화학, 그리고 생명과학입니다. 다시 말해 이 학문 분야들은 인류가 자연을 좀 더 체계적으로 이해하기 위해 인위적으로 나눈 것일 뿐, 실제 우주는 그러한 구분과 무관하게 움직이고 있습니다. 오히려 과학자들이 난제라고 생각하는 대부분의 문제들은 이렇게 인위적으로 설정된 경계에 놓여 있죠.

하지만 물리학과 화학, 그리고 생명과학을 구분하는 경계는 말할 것도 없고 각 분야 내에 존재하는 세부 분야들 사이에서도 이 경계들은 오랜 세월 굳어져 왔습니다. 그 결과, 거대한 장벽이 되어 학문 간의 교류와 소통을 저해하는 주도적인 역할을 했죠. 과학자들은 각자의 전공 분야에 충실해야 했고 행여나 다른 분야에 대해 논하면 섣부른 참견이라며 부정적으로 바라보기도 했습니다. 따라서 이러한 학문적 경계에 놓여 있던 과학의 난제들은 어떤 면에선 과학자들 스스로가 만들어 낸 것인지도 모릅니다. 또한 그렇기 때문에 이를 해결하기 위한 방법 또한 자명하죠. 바로 학문적 장벽을 무너뜨리고 공동 연구와 융합 연구를 통해 자연을 있는 그대로 바라보는 겁니다. 캐번디시연구소에서 하는 것처럼 말이죠.

2장. 현재: 학문의 경계를 허물다

학문적 경계를 극복하는 것이 우리가 해결하고자 하는 문제에 접근하는 첫 번째 길이라면, 애초에 우리가 어떠한 기준으로 학문 분야의 경계를 설정했는지 알아볼 필요가 있습니다. 그러기 위해서 물리학과 생명과학의 중간에 있는 화학을 명확히 정의하는 것이 중요할 것 같습니다. 기본적으로 화학은 분자의 특성과 거동을 다루는 학문입니다. 분자의 조성과 구조를 기본적으로 연구하며 그러한 것들이 변화하면서 따라오는 에너지의 변환 관계를 연구하죠. 따라서 화학은 연구하는 대상의 크기(스케일)가 분자보다 작아지면 물리학의 영역에, 분자보다 커지면 생명과학에 그 자리를 내주게 됩니다. 그렇다면 분자 크기가 각각 물리학과 생명과학 사이의 경계 기준이 된다고 단순히 말할 수 있을까요?

이 경계에 대해서 좀 더 생각해 보기 위해, 화학에서 다루는 가장 중요한 기본 개념 중 하나인 주기율표를 살펴봅시다. 주기율표는 우주에 있는 모든 물질을 이루고 있는 원소를 정리해 놓은 표입니다. 물론 현대물리학에서는 우주에서 알려진 물질은 고작 5% 정도이고 나머지는 모두 암흑물질과 암흑에너지라는 알려지지 않은 존재로 구성되어 있다고 하지만, 그 5%의 물질을 이해하기 위해 우리는 주기율표를 이해해야만 합니다.

주기율표는 1871년에 러시아의 화학자인 드미트리 멘델레예프(1834~1907)가 원자량을 기준으로 처음 고안했는데, 이후 1913년 영국의 물리학자 헨리 모즐리(1887~1915)가 양성자 수를 기준으로 다시 정립하면서 현대 주기율표의 모태가 탄생했습니다. 이후 주기율표는 물리

학과 화학, 그리고 생명과학을 연구하는 데 가장 중요한 기준 지표가 되었습니다. 잘 알려진 대로 현재 주기율표는 자연에 존재하는 98개의 원소와 실험실에서 인공적으로 만들어진 20개의 원소로 구성되어 있습니다. 비록 물리학에서 주기율표 자체를 많이 다루지는 않지만 20세기에 등장한 양자물리학은 이들 원소를 이루고 있는 양성자와 중성자, 그리고 전자의 배치에 대한 기본적인 법칙을 제공했습니다.

그중 모즐리가 발견한 모즐리의 법칙은 원자에 의해 방출되는 특징적인 X선에 관한 실험 법칙입니다. 간단히 말해서, 방사된 X선 주파수의 제곱근이 원자번호에 비례한다는 법칙이죠. 이전까지 '원자번호'는 주기율표에서 원소의 위치에 불과했으며 측정 가능한 물리량과 관련이 있다고 여겨지지 않았습니다. 하지만 모즐리의 발견은 닐스 보어의 원자모형에서 원자번호가 원자핵의 양성자 개수와 같다는 사실과 일치했고, 보어가 얻어 낸 에너지 관계식과 동일한 물리적 관계를 보여 주었습니다. 보어의 원자모형이 모즐리의 실험적 결과를 설명하는 틀을 제공한 거죠.

또한 이후 개발된 슈뢰딩거의 파동방정식과 볼프강 파울리의 배타원리는 전자의 오비탈^{orbital}(전자가 원자핵 주위에서 발견될 확률)에 따르는 배치를 설명했고, 마리아 괴퍼트메이어(1906~1972)의 핵껍질 모형은 원자핵 내에서의 양성자 배치에 관한 이론적 틀을 제공했습니다. 그리고 분자를 이루게 하는 가장 중요한 결합인 공유결합은 하이젠베르크의 불확정성원리(입자의 위치와 운동량을 동시에 정확히 측정할 수 없다)로 설명되

마리 퀴리에 이어 역사상 두 번째로 노벨상을 수상한
여성 물리학자 마리아 괴퍼트메이어

죠. 이와 같이 주기율표에 나와 있는 원소들의 기본 특성은 모두 양자역학, 즉 물리학으로 설명됩니다.

물리학은 또한 주기율표 원소들의 기원도 설명해 줍니다. 예컨대 주기율표 1번인 수소는 원자핵(양성자) 한 개와 전자 한 개로 이루어진 가장 기본적인 원소입니다. 빅뱅이 일어난 직후 38만 년 후에 우주의 온도가 낮아지면서 양성자와 전자가 결합하여 만들어진 거죠. 이후 우주의 물질들이 모여 만들어진 별은 수소를 이용해 빛을 내기 시작합니다. 그리고 얼마간의 시간이 흐르자 수소 원자들끼리 융합하면서 원자

번호 2번인 헬륨이 합성됩니다. 우주의 온도가 높아지면서 수소를 구성하는 양성자가 엄청난 에너지를 가지게 되어 서로 격렬하게 부딪히다가 결국 융합되어 헬륨 핵이 만들어지는 과정, 즉 핵융합입니다. 이후우주에는 수소와 헬륨이 가장 많이 존재하게 되었죠.

우리가 잘 알고 있는 태양이라는 별의 중심 온도는 1,000만 ℃ 이상이기 때문에 수소 양성자들이 융합해서 헬륨을 만들어 내지만, 헬륨 원자핵들이 융합할 수 있는 에너지에는 미치지 못하니 태양은 오직 수소와 헬륨만으로 이루어져 있죠. 하지만 태양보다 큰 별은 온도가 훨씬 더높아질 수 있고, 1억 ℃ 이상이 되면 헬륨 양성자들이 융합되기 시작하면서 새로운 원소가 탄생할 수 있습니다. 이것이 바로 원자번호 6번 탄소입니다. 이 탄소는 다시 헬륨과 융합하여 원자번호 8번 산소가 만들어지는데, 탄소나 산소는 우리 몸을 구성하는 중요한 원소이죠.

산소가 만들어진 뒤 우주에서는 규소와 철이 만들어지는데, 철은우주의 온도가 약 30억 ℃였을 때 만들어진 원소로서, 질량이 가장 큰별들에서 합성됩니다. 단, 별은 철을 다 사용하면 폭발하게 되는데 이를초신성이라고 하죠. 이때 엄청난 에너지가 발생하면서 철보다 무거운원소들이 만들어집니다. 다시 말해 별 내에서 핵융합으로 만들어질 수있는 원소는 원자번호 26번인 철까지이고, 그보다 큰 원소들은 초신성폭발에 의해 만들어졌다고 보면 됩니다. 현재 우리 몸을 구성하고 있는대부분의 원소들이 초신성으로부터 온 것들이니, 우리가 별에서 왔다는 말은 그저 문학적인 비유만은 아닌 셈입니다.

백색왜성이 폭발하고 남은 초신성 잔해

이렇게 물리학은 주기율표의 원소들이 어떻게 생성되었는지 설명해 주지만, 물리학의 역할은 여기서 끝나지 않습니다. 양자물리학이 발전하면서 물리학자들은 자연스럽게 '고체'라는 물질을 연구하기 시작했습니다. 고체란 주기율표의 원소들이 주기적인 결정을 이루고 있는 구조로, 아보가드로수만큼의 원자 또는 분자들이 몰려 있는 거대한 집합체입니다. 양자물리학을 기반으로 성립된 고체물리학의 등장으로 물리학자들은 물질의 전기적인 특성, 즉 도체와 부도체, 그리고 반도체의 물리적인 성질을 정확하게 설명할 수 있었습니다.

주기율표 14번인 실리콘과 32번인 저마늄이 대표적인 반도체 물질입니다. 반도체를 이해하게 되면서 전자소자로의 응용을 생각할 수 있었고, 20세기 중반 트랜지스터가 개발되면서 인류는 전자공학 혁명인 제3차 산업혁명을 통해 문명을 급속도로 발전시킬 수 있었습니다.

모든 자연과학이 반드시 함께 답해야 할 질문

앞서 살펴본 바와 같이 물리학 이론은 주기율표 원소들의 기원과 규칙성, 나아가 원소들이 모여서 이루어진 물질의 물리적 특성을 밝혀냈지만 직접적으로 설명할 수 없는 것들도 있었습니다. 바로, 원소로 구성된 복잡한 분자들의 구조적 특성이나 결합 및 화학반응에 관한 성질이죠. 이것들은 모두 화학의 영역에서 다루어지고 있습니다. 화학은 주기율표 원소들의 전자배치에 관한 규칙, 원소들 간의 화학반응, 물질의 조성 변화와 그에 따르는 에너지 변화를 다루는 학문이기 때문에, 물리학에 비해 우리의 일상생활과 더 맞닿아 있다고 할 수도 있습니다.

화학을 뜻하는 영어 chemistry는 납과 같은 평범한 금속을 금과 같은 귀금속으로 변환하는 연금술, 즉 alchemy에서 유래했습니다. 현대 화학은 이미 존재하는 주기율표의 원소들을 이용하여 특정한 목적에 맞는 새로운 물질을 합성하는 연구를 주로 해 오고 있으니, 현대판 연금술이라고 불러도 손색이 없을 겁니다. 이 현대판 연금술은 나뭇잎이 푸르고, 장미가 붉고, 허브가 향기를 내는 이유를 설명해 줄 뿐만 아니라 돌이 단단하고, 반짝이고, 쪼개지고, 부서지는 이유도 설명해 줍니다.

생명현상에도 역시 화학이 깊게 관련되어 있습니다. 부모를 닮게 만드는 유전정보를 설명해 주는 유전체학, 우리 몸에서 일어나는 오묘한 생리작용의 정체를 밝혀 주는 단백질체학 모두 화학 지식을 바탕으로 빠르게 발전하고 있죠.

응용적인 면에서도 화학은 생활과 산업 현장에서 쓰는 도구를 만들기 위해 필요한 다양한 소재를 제공해 주고, 질병 치료에 필요한 의약품 생산에도 관여하고 있습니다. 또한 물리학에서 반도체의 원리와 기본 소자를 디자인했다면, 화학에서는 실질적인 반도체를 제작할 수 있는 기반을 제공하면서 함께 발전해 왔죠.

화학은 분자를 다루는 학문이니만큼 분자 스케일에서 가장 많은 연구가 이루어지고 있는데, 분자의 크기는 수에서 수십 나노미터 정도 됩니다. 첨단 화학 분야는 바로 이 나노 기술과 직접적인 관련을 맺고 있죠. 일례로 화학 분야의 대표적인 발명품인 양자점은 반도체 성질을 갖는 초미세 나노 결정으로, 원자번호 48번인 카드뮴(Cd)과 34번인 셀레늄(Se)이 결합한 CdSe 양자점에서 시작해 현재는 다양한 원소들의 조합으로 발전하고 있습니다. 양자점은 태양전지, 촉매제, 의약품 등 다양한 형태로의 응용성을 입증하고 있으며 이미 양자점을 이용한 TV까지 시판되고 있죠.

이토록 유용한 화학인데도 우리 생활과 밀접한 관련이 있는 만큼 화학 자체에 대한 오해 또한 적지 않은 것 같습니다. 예컨대 화학 공장에서 대량으로 만들어 내는 화학제품들이 우리의 건강을 위협하고 환경을 오염시키고 있다는 믿음 같은 것들이죠. 그래서 화학물질이 없는 세상에서 살아야 한다는 비현실적인 주장이 상당한 설득력을 얻고 있기도 한데, 이는 화학자의 입장에서는 말할 것도 없고 저 같은 다른 자연과학자들에게도 몹시 난처한 일이 아닐 수 없습니다. 개별 화학제품이나 기

업의 방침에 대해 이의를 제기할 수는 있겠지만, 화학 자체는 당연히 자신만의 고유한 영역에서 자연을 탐구하는 매우 중요한 분야입니다.

계층구조를 타고 올라가면 화학은 생명과학의 뿌리라고 할 수 있습니다. 생명체에서 일어나는 모든 생명현상이 화학반응을 통해 일어나기 때문이죠. 특히 방대한 생명과학 분야 중에서도 왓슨과 크릭의 DNA 발견 이후 탄생한 분자생물학은, 생명의 기원에 접근하는 데 물리학 및 화학과 공유하는 부분이 많습니다. 크릭은 생명과학으로 전공을 전환하면서 슈뢰딩거가 품었던 생명에 관한 의문들을 공유했으며 이를 철저한 과학적 방식으로 해결하고 싶어 했습니다. 그리고 이러한 그의 노력은 생명과학의 역사에 거대한 획을 긋는 '유전자로서의 DNA' 발견으로 이어졌으며, 분자생물학은 분자 수준에서의 생명현상을 이해하고 그것이 거시적인 생명현상과 어떻게 연결되는가를 규명해 생명의 기원을 찾고자 하는 학문으로 자리 잡았습니다. 즉, 생명체의 기본단위인 세포의 구조와 기능에서 출발하여 생체 물질인 탄수화물, 지방, 단백질의 구조와 기능 및 대사를 이해하는 분야죠.

따라서 분자생물학은 생화학과 유전학의 뿌리가 되며, 이를 통해 세포에 존재하는 핵산의 구조와 기능, 유전정보의 발현 및 조절 메커니즘 등 생명현상을 분자 수준에서 이해할 수 있습니다. 나아가 유전과 변이를 연구하여 유전자조작을 통해 새로운 종을 만들 수 있는 단계까지 이르렀죠.

이러한 분자생물학과 물리학 및 화학이 모두 연계되어 있음을 단적

으로 드러내는 가장 대표적인 예가 2014년도 노벨 화학상입니다. 수상자들은 초고해상도 형광현미경을 개발해 바이러스나 생체 단백질 등 나노미터 수준의 작은 세포소기관 내부 구조를 볼 수 있는 길을 열어 준 과학자들이었죠. 바로 에릭 베치그(1960~) 하워드휴스의학연구소 소장, 윌리엄 머너(1953~) 스탠퍼드대 교수, 슈테판 헬(1963~) 막스플랑크연구소 생물물리화학 연구소장입니다. 재밌는 사실은 이 중 베치그 소장과 헬 박사는 물리학자였다는 겁니다.

당시 노벨위원회는 수상자들이 수백 나노미터 크기보다 작은 대상은 볼 수 없었던 기존 광학현미경의 '광학적 회절 한계'◆를 극복하고 수 나노미터 수준까지 관찰할 수 있는 혁신을 이루어 냈다고 평가했습니다. 이는 곧 분자생물학 연구의 급속한 발전을 이끌면서 알츠하이머병, 헌팅턴병 등 질병 연구에 공헌했다고 선정 배경을 밝혔죠.

실제로 초고해상도 형광현미경이 개발되기 전에는 광학현미경을 이용해 박테리아나 세포소기관인 미토콘드리아(1μm, 즉 100만분의 1미터 수준 크기)까지만 관찰이 가능했습니다. 광학현미경은 크기가 250nm보다 작은 물질은 볼 수 없는 광학적 한계가 있었기 때문입니다. 나노미터 수준 바이러스나 단백질, 소분자를 관찰할 수 있게 된 것은 초고해상도

◆ 회절은 빛의 파동이 방해물을 만나면 그것을 피해 가능한 공간으로 퍼져 나가는 현상을 말한다. 예컨대 작고 동그란 구멍으로 파동이 들어간다면, 이 구멍을 통과한 파동의 바깥쪽으로 퍼질 수 있는 공간이 생긴다. 이렇게 동그란 틈새를 통과한 빛은 회절에 의해 동그란 빛이 아니라 디스크 모양으로 가운데가 뚫린 과녁판 같은 이미지를 형성한다. 회절 한계는 이 디스크 이미지가 겹치게 되어 더 이상 두 점을 식별할 수 없는 상태를 말한다. 광학현미경을 포함해 모든 렌즈는 자신의 크기 때문에 회절이 일어날 수밖에 없고 사람의 눈도 마찬가지이다. 회절 한계를 처음 정량적으로 밝혀낸 사람은 독일의 광학자 에른스트 아베(1840~1905)였다.

형광현미경이 개발된 이후로, 노벨위원회가 밝힌 것처럼 이때부터 분자생물학 연구가 폭발적으로 발전하게 됩니다.

아울러 베치그 박사와 머너 교수는 세포 내에서 낱개의 분자를 식별할 수 있는 단분자 현미경을 개발해서, 세포에 특정 파장의 빛을 쪼여 세포 내에 있는 특정한 단백질 분자의 형광을 켜고 끌 수 있는 기술을 최초로 선보이기도 했죠.◆ 한편 헬 박사는 2000년 광학적 한계를 뛰어넘는 '유도 방출 억제 현미경(STED: stimulated emission depletion)'이라는 기법을 개발하여 해상도를 약 10nm 수준까지 향상하는 데 성공한 공을 인정받았습니다. STED 현미경은 현재까지도 프런티어 연구에서 필수적으로 사용되고 있을 정도로 획을 그은 발명품입니다.

이와 같은 고해상도 이미징 기법은 생명과학에서 단백질을 분석하는 데 필수 도구로 사용되는데, 여기에는 물리학과 화학의 역할도 매우 큽니다. 최근에는 물리학자들이 만들어 낸 메타 물질이나 화학자들이 합성한 새로운 분자들을 이용하여 빛의 회절 한계를 뛰어넘는 슈퍼렌즈 개발을 선도하고 있거든요. 이는 결국 기존 성능을 뛰어넘는 현미경의 개발 가능성을 보여 주고 있습니다.◆

◆   R. M. Dickson, A. B. Cubitt, R. Y. Tsien, and W. E. Moerner, "On/Off Blinking and Switching Behavior of Single Green Fluorescent Protein Molecules," *Nature* 388, 355 (1997). Eric Betzig et al., "Imaging intracellular fluorescent proteins at nanometer resolution", *Science* 313, 1642(2006).

◆   J. B. Pendry, "Negative refraction makes a perfect lens", *Physical Review Letters* 85, 3966(2000). Ju Young Lee et al., "Near-field focusing and magnification through self-assembled nanoscale spherical lenses", *Nature* 460, 498(2009).

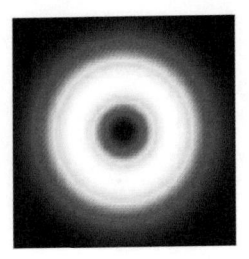

두 번의 레이저 빔을 중첩해 쏘아 작은 중심부 형광만을 얻는 STED

이렇게 물리학과 화학, 그리고 생명과학은 각자의 고유한 영역을 기반으로 하지만 서로 연결되어 있으며, 끊임없는 공동 연구를 통해 결국에는 슈뢰딩거가 제기한 질문에 답하기 위해 노력 중입니다.

물리학자가 철학을 품을 때

우주의 존재 이유를 찾는 두 학문

우리가 알고 있는 우주는 138억 광년에 해당하는 크기를 갖는 거대한 시공간입니다(물론 관측 가능한 우주는 그보다 훨씬 크지만요). 하지만 이는 객관적으로 알려진 사실일 뿐 각 개인이 생각하는 우주는 각각 그 크기가 다를 겁니다. 당장 눈앞에 펼쳐진 세상에 집중하며 살아가는 사람, 자신의 내면을 들여다보며 수양을 쌓는 사람, 자신과 이웃들을 생각하며 공동체적인 삶을 추구하는 사람, 국가의 발전과 번영을 생각하며 살아가는 사람 등등, 각자 무엇을 추구하느냐에 따라 그 사람의 우주가 결정될 테니까요.

우리가 알고 있는 당대의 물리학자들은 자신의 연구 분야에만 한정되지 않고 자연과 우주의 본질에 대해서 깊게 사고한 이들입니다. 우리

가 상상할 수 있는 가장 큰 우주를 담았던 사람들인 거죠.

뉴턴은 신이 창조한 거대한 우주의 작동 원리를 수학적으로 규명하는 것이 과학의 최종 목표라 여겼습니다. 그럼에도 자신은 우주라는 거대한 바다 앞에서 조개를 줍는 아이일 뿐이라고 생각했죠. 자신의 성과는 우주의 극히 일부분만 보여 줄 뿐 진정한 진리를 밝히기 위해서는 갈 길이 멀다는 것을 인정했고, 이는 후세 과학자들이 증명해 보였습니다.

아인슈타인은 자신의 중력장 방정식을 통해 우주의 과거와 현재, 그리고 미래에 대한 청사진을 보여 주었지만 그 역시 우주의 팽창이나 블랙홀의 존재와 같은 숨겨진 진리를 받아들이는 데는 제법 많은 시간을 쏟아야 했습니다.

양자역학의 문을 열어젖힌 닐스 보어는 기존 물리학으로는 설명할 수 없는 미시세계의 거동을 이해하기 위해선 직관을 버리고 새로운 차원에서 현상을 바라보아야 한다는 인식론을 구축하는 데 엄청난 노력을 기울였습니다. 실제로 양자역학이 등장할 때 가장 곤혹스러웠던 부분이 입자의 위치와 속도에 대한 정보를 동시에 확정하는 것이 불가능하다는 불확정성원리였는데요. 보어는 아인슈타인과의 치열한 논쟁을 통해, 양자역학적인 현상은 우리의 기존 관점을 모두 버릴 때에만 받아들일 수 있다는 새로운 인식론적 체계를 설파하기에 이릅니다.

이와 같이 물리학자들은 엄밀한 수학과 정교한 실험으로 뒷받침되는 실체를 발견함으로써 새로운 세상을 가장 먼저 경험하는 사람들입니다. 하지만 수학과 실험만으로 모두를 이해시킬 수는 없기 때문에 물

리학자들은 자신만의 확고한 철학을 정립하여 새로운 세상에 좀 더 쉽게 다가가곤 했습니다. 아리스토텔레스가 자연철학이라는 이름으로 과학을 시작하고, 뉴턴 역시 자신의 성취를 자연철학의 이름으로 공표했듯이요.

그런데 일반적으로 생각할 때 과학과 철학은 성격이 전혀 다른 것처럼 보입니다. 과학은 변하지 않는 객관적 실체의 진리를 추구하는 데 반해 철학은 어떤 가치를 논하기 때문이죠. 가치라는 것은 보는 사람에 따라 상대적으로 변할 수 있고 그로 인해 하나의 현상에 대해서 다양한 설명이 공존할 수 있습니다. 반면에 과학은 하나의 현상에 대해서는 엄밀하게 하나의 설명이 존재하고 다른 설명을 허용하지 않는 경향이 강하죠. 만약 기존의 설명과 다른 설명이 나온다면 둘 중 하나는 틀린 설명이 될 가능성이 높은 겁니다. 그러나 과학과 철학에는 아주 근본적인 공통점이 있습니다. 둘 다 우주와 세상의 존재 이유를 설명하고자 하는 학문이라는 겁니다. 고대 그리스의 플라톤과 아리스토텔레스는 세상이 왜 만들어졌고 어떠한 방식으로 움직이고 있는가에 대한 물음으로부터 자연철학 이론을 전개해 나갔습니다.

뉴턴이 칸트에게, 칸트가 맥스웰에게

뉴턴은 수학과 실험에 기반한 엄밀한 근대과학을 창시했지만, 그

이면에는 역시 우주를 관장하는 근본 법칙을 알아냄으로써 세상의 이치를 깨치려는 의도가 있었습니다. 결국 뉴턴의 과학적 성취에 따라 이전 천 년을 지배했던 기독교는 설 자리를 잃었고, 절대자인 신의 자리를 단순하면서 우아한 수학 법칙이 대체하게 됩니다. 신학 중심의 중세 기독교 시대가 인간 중심의 르네상스 시대와 계몽 시대로 빠르게 재편되죠. 신이 없어도 우주는 자체적으로 돌아가게 된다는 믿음이 퍼져 나가면서 과학이 세상을 바꾼 겁니다.

또한 보편적 연역 법칙으로서의 뉴턴의 물리학은 이후 서양의 과학과 역사, 그리고 근대 문학과 철학에 심대한 영향을 미치게 됩니다. 과학에서는 뉴턴의 후예들, 즉 샤를 드쿨롱, 앙드레마리 앙페르, 조제프루이 라그랑주, 피에르시몽 라플라스 등이 소위 '뉴턴주의자'로서 절대적 시간과 공간에서의 완벽한 수학적 법칙으로 기술되는 물리학을 완성합니다. 특히 라플라스는 '라플라스의 악마'라는 존재를 상정하며 그 악마는 과거, 현재, 미래의 그 어떤 순간에서도 일어날 수 있는 물리적 사건에 대해 완벽하게 알아낼 수 있다고 주장하면서 인과율에 기반한 '결정론Determinism'이라는 철학적 논제를 창시하죠.

한편, 과학뿐 아니라 근대 철학 역시 급격한 발전을 이룹니다. 17세기 데카르트의 기계론(모든 현상은 신의 의지가 아니라 역학적 인과관계로 설명될 수 있다는 사상)을 시작으로 18~19세기의 철학 정신을 지배했던 위대한 철학자들인 토머스 홉스와 존 로크, 데이비드 흄과 이마누엘 칸트는 그들 철학의 기반을 뉴턴의 물리학에 두기도 했습니다.

'라플라스의 악마'라는 존재를 상정한 결정론자 라플라스의 묘지

　대표적으로 독일의 위대한 철학자 이마누엘 칸트(1724~1804)는 인간이 감각적 경험 없이 선험적으로 받아들일 수 있는 기본 공리로서 수학과 물리학을 채택합니다. 그중에서도 뉴턴의 물리법칙을 바탕으로 인식론을 확립하게 되죠. 칸트의 이러한 철학은 특히 전자기학의 발전에 많은 공헌을 하는데, 특히 최초로 전기와 자기의 상호 연관성을 밝혀낸 덴마크의 과학자 한스 크리스티안 외르스테드(1777~1851)에게 깊은 영감을 주었습니다.

　1820년, 당시 코펜하겐대학교의 물리학 교수였던 외르스테드는 실

　　　　　　　　　　　　　　2장. 현재: 학문의 경계를 허물다

험 강의 도중에 볼타전지(1800년 알레산드로 볼타가 발명한 세계 최초의 전지)에 전류가 흐르자 근처에 있던 나침반 바늘이 조금씩 움직이는 현상을 발견합니다. 심지어 전류의 양을 늘리자 나침반 바늘이 전선과 90도를 이룰 만큼 크게 움직였죠. 이는 전류가 전선 주위에 작용하는 어떤 힘을 만들어 내는데, 자성을 띤 물체와 만났을 때 이 힘이 발휘되므로 이는 전선이 곧 자기력을 만들어 낼 수 있다는 결론으로 이어집니다. 전기와 자기 현상이 밀접한 관련이 있음을 최초로 발견한 겁니다.

당시 칸트 철학에 심취했던 외르스테드는 칸트가 1786년에 출판한 『자연과학의 형이상학적 기초』라는 책에서, 만물은 인력과 척력이라는 근본적인 힘에 의해 작동하며 이 힘은 모종의 매개체를 통해 전달된다는 주장을 받아들입니다. 외르스테드는 이를 기반으로 전선 주위에 생성되는 힘이 전류를 중심에 두고 원형으로 형성되는 어떤 힘의 그물망이며, 그 그물망을 매개로 하는 교란 작용에 의해 힘이 나침반으로 전달된다는 확신을 갖게 되죠. 그의 발견은 훗날 패러데이가 전자기장의 개념을 확립하는 데 큰 영향을 미쳤습니다.

더욱 놀라운 사실은 맥스웰 역시 젊은 시절 칸트 철학을 신봉하면서 '역선line of force'과 '장'의 개념을 거부감 없이 받아들였다는 겁니다. 그가 아무리 뛰어난 수학적 능력을 갖고 있었어도 새롭게 등장한 '장'이라는 개념을 받아들이지 못했다면 전자기학의 성립은 멀고 먼 일이었을 겁니다. 맥스웰은 이를 토대로 빛이 결국 전자기장의 파동이라는 발견에 이르게 되죠.

이렇듯 뉴턴의 물리학이 칸트의 철학을 낳고 그 철학이 다시 맥스웰에게 영향을 끼치면서 과학과 철학은 사이좋게 서로의 발전에 기여합니다. 과학과 철학은 이후 더욱 가까워져서, 19세기 저명한 과학철학자 에른스트 마흐(1838~1916)(음속의 단위인 '마하수'가 이분 이름에서 따온 겁니다)는 과학은 감각적으로 경험될 수 있는 것, 즉 실험실에서 측정될 수 있는 것들에 의해 성립되어야 한다는 실증주의 과학철학을 천명하기에 이릅니다. 이러한 마흐의 주장에 수많은 과학자들이 동조하는데, 거기에 앨버트 아인슈타인, 볼프강 파울리, 베르너 하이젠베르크 등이 포함되어 있습니다. 거의 어벤져스급이죠?

과학자를 살리기도 죽이기도 하는 철학

마흐의 실증주의의 영향을 받았던 아인슈타인은 눈에 보이지 않고 측정되지도 않았던, 온 우주를 둘러싸고 있는 에테르라는 미지의 물질을 망설임 없이 부정할 수 있었고, 이는 특수상대성이론을 창시하는 데 결정적 역할을 합니다. 역시 마흐의 실증주의를 지지했던 하이젠베르크 또한 물리적으로 관측할 수 있고 측정할 수 있는 양들만으로 이론 체계를 세워야 한다고 굳게 믿었습니다. 하이젠베르크의 저서인 『부분과 전체』를 보면, 도무지 눈으로 볼 수 없는 미시 입자들의 거동을 실체적으로 기술하기 위한 그의 깊은 고민을 엿볼 수 있습니다. 그는 실제로

측정할 수도, 볼 수도 없는 전자의 위치나 움직임을 직접 기술하는 것은 불가능하며, 그러한 거동을 간접적으로 보여 주는 에너지나 운동량 같은 물리량들을 이용해 수학적으로 표현하는 것이 물리학자로서 할 수 있는 유일한 일이라고 생각했죠. 그가 개발한 행렬역학은 수학적 추상으로서의 전자의 거동을 최초로 기술한 방법론이었고 이것이 양자역학의 탄생을 가져오게 됩니다.◆

젊었을 때부터 철학에 심취했던 아인슈타인은 상대성이론에 관한 논문을 발표하기 전, 18세기 영국의 철학자 데이비드 흄(1711~1776)에게서 가장 중요한 영감을 받았습니다. 아인슈타인은 1900년대 초반, 스위스에서 동료 과학자, 철학자 들과 같이 만든 독서 모임인 '올림피아 아카데미'에서 데이비드 흄의 저작을 처음 접하고 그의 철학에 깊이 매료된 것 같습니다. 1915년에 아인슈타인이 당시 오스트리아 빈대학교의 물리학 교수였던 모리츠 슐리크(1882~1936)에게 보낸 편지에는, 1905년 아인슈타인이 특수상대성 이론을 발표하기 직전에 흄의 저서인 『인간 본성에 관한 논고』를 탐독했다는 대목이 나옵니다.

흄은 자연주의와 회의주의에 관한 견해로 유명한 스코틀랜드 출신의 철학자로, 아인슈타인이 살았던 당시에도 대단한 명성을 지니고 있었습니다. 그는 1738년 출판한 『인간 본성에 관한 논고』에서, 과학의

◆　반면에 아인슈타인은 마흐의 실증주의를 전적으로 따르지는 않았는데, 특히 하이젠베르크의 행렬역학에 대해서는 물리적 실재를 보여 주지 못한다는 한계 때문에 약간의 '회의감'을 보였다.

올림피아 아카데미의 설립자 (왼쪽부터) 콘래드 하비히트, 모리스
솔로빈, 앨버트 아인슈타인(1903년경)

맥락에서 시간과 공간의 개념에 대한 기존의 관념을 무너뜨릴 수 있는
담대한 의문을 던집니다.

> 따라서 시간 관념과 공간 관념은 분리된 관념 또는 독립된 관념이 아니
> 라, 대상들이 존재하는 방식 또는 그 질서에 대한 관념이다. 바꾸어 말하
> 면 물질 없는 연장 즉 진공을 생각하는 것은 불가능하며, 실재라는 존재
> 의 계기나 변화가 없을 때 시간을 생각하는 것도 불가능하다. 우리 체계
> 의 이 두 부분들 사이에는 이처럼 밀접한 연관이 있다.◆

◆　데이비드 흄, 『인간이란 무엇인가』, 김성숙 역, 동서문화사, 2009, 61쪽.

2장. 현재: 학문의 경계를 허물다

흄의 철학은 방대하지만 자연과학과 관련해서는 극단적인 회의주의를 표방합니다. 뉴턴역학으로 정립된 인과율을 부정하고 감각에 기반한 물리적 실재는 실제로 존재하는 것이 아니라고 생각하죠. 그랬던 그에게 뉴턴이 가정한 절대적이고 순수한 시간과 공간 역시 예외가 될 순 없었습니다. 그에게 시간과 공간은 인간의 감각에 의해 더럽혀지고 모순으로 가득 찬 틀에 불과했죠. 아인슈타인이 상대성이론을 구상할 때 바로 흄의 이러한 개념이 가장 중요한 동기부여가 되었던 것 같습니다. 시간과 공간은 불변의 존재가 아니며, 변화무쌍한 자연의 운동과 명확한 연관이 있다는 아이디어를 떠올리게 된 거죠. 실제로 아인슈타인은 편지에서 흄의 철학이 자신의 상대성이론을 탄생시키는 데 얼마나 중요한 역할을 했는가에 대해 설명하고 있습니다.

데이비드 흄의 인식론은 내가 깊은 존경심을 갖고 공부한 것으로, 이를 통해 나는 인식에 관한 이해의 폭을 넓히게 되었습니다. 이러한 철학적 연구 없이는 해결책이 나오기 어려웠을 겁니다.◆

하지만 과학자의 철학적 신념이 반드시 좋은 결과를 가져온 것만은 아니었습니다. 19세기 오스트리아의 물리학자 루트비히 볼츠만에게는 특히 그랬죠. 그는 원자론을 기반으로 한 통계역학 분야를 창시하고 엔

◆ 이광식, "아인슈타인 상대성원리에 '영감' 준 사람은 100년 전 철학자 흄", 나우뉴스, 2019. 2. 23.

트로피의 정확한 개념을 정립한 희대의 천재 과학자였습니다. 그는 맥스웰과 함께 기체 분자의 속도 분포를 계산하는 확률분포 함수를 최초로 도입함으로써 당시 직면한 열역학적 문제들을 대부분 해결하는데, 이 확률분포 함수는 이후의 통계역학을 성립시키는 데 결정적인 역할을 합니다. 이후 볼츠만은 열역학과 통계역학을 완벽하게 통합했고, 이는 뉴턴 역학, 맥스웰의 전자기학과 함께 고전물리학의 3대 축을 이루는 학문 분야로 자리 잡습니다.

볼츠만의 통계역학 덕분에 물리학자들은 아보가드로수만큼 존재하는 수많은 입자들의 거시적인 거동을 원자론을 기반으로 기술할 수 있었습니다. 19세기 당시에는 실험적으로 발견되지 못했던 원자라는 개념을 상정하여 통계역학 이론을 정립한 거죠. 그의 엔트로피에 대한 명확한 정의, 즉 '동일한 거시적 상태를 나타내는 미시적 상태의 수'라는 개념은 열역학 제2법칙을 완성하는 데 가장 중요한 역할을 했습니다. 볼츠만의 묘비에는 '$S = k \log w$' 라는 식이 새겨져 있는데, 여기서 S는 엔트로피이고, k는 볼츠만 상수, w는 미시 상태의 개수를 나타냅니다. 엔트로피를 명쾌한 식으로 정의했기 때문에 볼츠만은 뉴턴과 아인슈타인, 맥스웰에 견줄 수 있을 만한 위대한 물리학자로 기억되고 있습니다.

하지만 그런 볼츠만에게 그야말로 재앙이었던 철학 사상이 있었습니다. 바로 마흐의 실증주의였죠. 볼츠만은 눈에 보이지 않고 측정할 수 없었던 원자의 존재를 부정하던 마흐에게 지속적으로 공격을 당했고

결국 학계에서 그의 이론들이 계속 논란이 되자 자살로 생을 마감하게 됩니다. 학자로서의 명성은 대단했지만 말주변이 뛰어나지 못했던 그는 결국 자신의 이론이 확실하다는 것을 사람들에게 설득하기가 불가능하다고 느꼈을지 모릅니다. 마흐의 실증주의는 과학자를 살리기도 하고 죽이기도 한 셈이죠.

더욱 안타까운 사실은 볼츠만이 생을 마감하기 1년 전인 1905년 26세의 젊은 학자가 볼츠만의 원자론이 옳다는 논문을 발표했다는 겁니다. 그 학자는 바로 아인슈타인이었습니다. 아인슈타인은 '브라운운동'이라 불리는 원자의 무질서한 운동을 수학적으로 기술하는 논문을 발표했는데, 이는 볼츠만의 이론적 기반을 검증하는 결과였습니다.

특수상대성이론에서도 이와 비슷한 일이 일어납니다. 아인슈타인보다 먼저 특수상대성이론에 가장 근접했던 이가 있었습니다. 프랑스의 수학자 푸앵카레(1854~1912)죠. 외부 세계가 인간의 의식과 독립적으로 존재하는 것이 아니라, 그것을 인식하는 주체에 의존한다고 본 칸트 사상에 전적으로 동조하던 푸앵카레는 자신의 이론이 말해 주는 시간과 공간의 연관성을 물리적 실체로 인식하지 못해 학문적 도약을 이루어 내지 못했습니다. 그로써 특수상대성이론 창시의 영예를 아인슈타인에게 양보해야 했죠. 더군다나 푸앵카레는 아인슈타인의 특수상대성이론의 개념을 접한 이후에도 새로운 시간과 공간 개념을 끝내 받아들이지 않습니다. 이번엔 칸트 철학이 푸앵카레에게 부정적인 역할을 한 셈이죠.

20세기가 시작되면서 물리학자들은 기존의 고전물리학적 관점으로는 전혀 이해할 수 없는 수많은 미시세계의 현상을 발견하게 됩니다. 이것들을 정확하게 묘사하기 위해 탄생한 양자역학은 고전물리학을 기반으로 한 인간의 직관과 결별하기를 요구합니다. 미시세계를 설명하는 수학적인 틀을 넘어 기존에 인간이 갖고 있던 고전물리학적 관점과는 전혀 다른 새로운 사고방식으로 자연을 바라봄으로써 인간의 인식체계 자체를 바꾼 제2의 과학혁명을 이끌었죠.

초기조건만 명확하다면 이후의 세계에 대한 정보를 정확하게 제공할 수 있었던 라플라스의 악마는 미시세계에서는 더 이상 그 존재 의미가 없었습니다. 닐스 보어를 비롯한 당시 물리학자들은 수학과 인간 직관의 간극을 해소할 수 있는, 즉 미시세계를 이해할 수 있는 새로운 인식론적 틀이 필요하다는 것을 깨닫고, 그 틀을 세우기 위해 부단히 노력합니다. 이는 아인슈타인이 뉴턴역학의 사고 체계를 극복하는 과정보다 훨씬 더 험난하고 고된 여정이었습니다.

아인슈타인의 상대성이론이 뉴턴의 절대 시간과 공간을 극복하면서 새로운 시공간의 개념을 통해 중력을 본질적으로 설명하긴 했지만, 물리학에 대한 본질적인 관점은 여전히 뉴턴의 그것과 공유하는 부분이 매우 많았습니다. 예컨대 물리학 이론에서 확립된 방정식을 풀어서 얻은 해가 물리적 실재와 일치해야 한다는 점, 이론에서 얻고자 하는 모

슈뢰딩거가 살았던 취리히 집 정원에 있는 고양이 모형.
빛에 따라 보였다가 사라졌다가 한다.

든 물리적 정보를 명확하게 얻어 낼 수 있어야 한다는 점, 이론과 관련된 물리적 현상을 명확하게 예측할 수 있어야 한다는 점이 그러했죠.

이 부분에 대한 생각은 파동역학(전자 같은 물질 입자의 운동 상태를 기술하기 위한 이론)을 개발한 슈뢰딩거 역시 마찬가지였습니다. 슈뢰딩거는 자신이 확립한 파동방정식이 보어를 필두로 한 코펜하겐 학파에 의해 확률론적으로 해석되자, 이에 격렬히 반대하며 '슈뢰딩거의 고양이'라는 개념을 탄생시키게 되죠.

하지만 이들과 달리 보어는 아인슈타인이 계승한 고전물리학 관점이 양자역학에서만큼은 절대로 적용될 수 없다는 것을 알았습니다. 고전물리학적 관점은 미시세계를 해석하는 데 있어서 모두 폐기되어야만 했죠. 하이젠베르크의 불확정성원리가 발표된 이후, 보어는 양자역학

을 기술하는 수학적 형식을 개발하는 것 못지않게 그에 걸맞는 인식론적 토대를 세우는 일에도 공을 들이지 않을 수 없었습니다. 운명적이게도 보어의 새로운 인식론적 틀을 가장 맹렬히 공격했던 사람은 아인슈타인이었습니다. 이미 상대성이론으로 세상을 뒤흔든 그는, 뉴턴으로부터 지금까지 지켜져 왔던 물리학의 본질이 양자역학에 의해 무너지는 것을 지켜볼 수 없었던 거죠. 그래서 아인슈타인은 다양한 방식으로 저돌적이면서도 끊임없이 보어의 관점이 가진 약점을 파고들었습니다. 그리고 아이러니하게도 파동방정식을 제창하여 양자역학의 성립에 결정적인 공을 세웠던 슈뢰딩거 역시 아인슈타인과 합세하여 보어에게 지속적인 공격을 가했죠. 하지만 보어는 코펜하겐 학파의 수장으로서 그들의 맹렬한 공격에도 끝까지 흔들리지 않고 양자역학의 인식론적 완성에 결정적인 역할을 합니다.

인간의 한계를 인정해야만 물리가 보인다

보어는 대학 시절에 덴마크의 실존주의 철학자 쇠렌 키르케고르(1813~1855) 철학에 심취했다고 합니다. 키르케고르는 늘 자신이 야누스적 이중성을 갖고 있다고 생각하면서 끊임없이 자신을 성찰했던 철학자죠. 특히 인간이 세상과 우주를 초월한 입장에서 모든 것을 판단할 수 있으며 이를 대변하는 절대의지가 존재한다고 주장한 독일의 철학자

헤겔을 혹독하게 비판한 반헤겔주의자로 유명합니다. 이는 보어가 인간은 절대로 세상을 초월할 수 없고 세상 안에서 현상을 판단할 수밖에 없다는 근원적인 한계성을 인정한 것과 연결됩니다. 보어는 인간의 한계성을 전적으로 수용하면서 물리학을 연구하는 데 있어서 인간은 자연의 일부라는 전제를 확고히 합니다.

또한 키르케고르는 우리가 말하는 실체는 '다름과 대립'으로 구성되어 있기 때문에 단일한 사고 체계로는 도저히 표현이 불가능하다고 주장했습니다. 이는 보어가 고전물리학상에서 서로 배타적이었던 파동과 입자의 이중성에 기반한 상보성의 원리를 창안하는 데 큰 영향을 미친 걸로 보입니다. 다시 말해, 보어는 라플라스의 악마처럼 한계를 초월함으로써 인류에게 가장 완벽한 이론을 제공하는 것이 물리학의 목표가 아님을 천명한 겁니다. 오히려 인간이 갖는 한계성을 더욱 투철하게 인정하면서 그 안에서 물리학을 논하려고 했죠.

이와 같은 그의 인식은 아인슈타인의 인식과는 완전히 반대였습니다. 아인슈타인이 물리적 실재를 근본적으로 규명하는 것이 물리학의 목표라고 설정한 데 반해, 보어는 자연과 우주에 대해 우리가 말할 수 있는 것이 무엇인지 알려 주는 것이 물리학의 역할이라고 주장합니다. 또한 아인슈타인이 초월적 존재인 신(종교에서 말하는 유일신이 아니라 스피노자가 말한 범신론적 세계관에서의 신과 더 가까운)이 설계한 우주의 참모습을 들여다보고 싶어 했던 것과 달리, 보어는 원래 우주의 일부인 인간이 우주를 객관적으로 인식하려는 것 자체가 모순이라고 생각했습니다.

사실 보어의 생각은 우주의 궁극적 원리를 탐구하고자 하는 물리학의 목표에 반하는 것으로 보일 수도 있습니다. 하지만 한계성에 대한 그의 확고한 인식은 고전물리학을 떠받치는 두 기둥, 즉 철저한 인과율에 기반한 운동 방식과 모든 물리량의 연속성으로부터 벗어나 있던 양자역학을 받아들이는 데 큰 도움이 되었습니다. 다시 말해, 보어는 미시세계에서 관측되는 반직관적인 현상들을 해석할 때에 인과율과 연속성의 개념을 과감하게 버리고 양자역학을 새로운 관점으로 바라볼 수 있었죠.

이를테면 불연속적인 에너지준위 사이에서 양자도약(전자가 원자 내부에서 불연속적으로 궤도를 도약하는 현상)을 통해 전이하는 전자들은 그 에너지 차이에 해당하는 불연속적인 빛 에너지를 방출하는데, 보어는 이러한 현상의 인과관계를 밝히는 것은 애초부터 불가능하다고 생각합니다. 양자역학 이론이 불완전해서가 아니라 미시세계는 인과율 자체가 적용되지 않기 때문이라는 거죠. 물론 이는 아인슈타인에게는 상상조차 할 수 없는 일이었고, 특히 슈뢰딩거는 이러한 양자도약이라는 개념 자체에 엄청난 반감을 갖게 됩니다.

또한 보어는 물리법칙은 반드시 정확한 예측을 내재하고 있어야 하지만, 슈뢰딩거의 파동함수가 입자를 발견할 확률과 관련되어 있고 불확정성원리에 의해 입자의 위치를 근원적으로 밝힐 수 없음을 인정합니다. 아인슈타인에게 중요한 것은 물리법칙에는 모호함이 없어야 한다는 점이었지만, 보어는 그러한 관점은 절대적인 것이 아니라고 생각

했습니다. 보어는 이러한 생각 덕에 미시세계에서 입자성이 겉으로 드러날 때 파동성이 숨겨지는 것(또한 그 반대의 경우), 즉 물질의 이중성을 아무런 거부감 없이 수용할 수 있었습니다.

이를 통해 1927년, 보어는 하이젠베르크가 발견한 불확정성원리를 확장하며 상보성의 원리를 제시하고, 이 원리는 양자역학을 받아들일 수 있는 새로운 관점을 제공했습니다. 인과율이 지배하는 물리법칙이 더 이상 적용되지 않으며 파동과 입자라는 서로 배타적인 두 특성이 혼재하는 양자 세계를 이해할 수 있는 새로운 사고 체계를 갖게 된 겁니다.

지금까지 살펴본 바와 같이 과학은 인간이 자연과 우주를 이해하는 데 새로운 철학적 관점을 제공하면서 철학과 서로 영향을 주고받습니다. 그리고 그를 통해 인간은 자연의 이면을 더욱 깊이 이해할 수 있고 이는 다시 위대한 과학적 성취로 이어지는 거죠.

물론 모든 과학자가 과학에 대한 철학의 공헌에 대해 동의하는 건 아닙니다. 20세기 영국의 위대한 이론물리학자 폴 디랙은 우주를 이해하는 일에서 철학의 공헌은 없다고 단언합니다. 철학은 이미 해 놓은 발견을 두고 갑론을박할 뿐이라고 규정지어 버리죠. 이와 같은 디랙의 생각은 우주를 엄밀한 법칙으로 설명하려는 현대 과학에서 암묵적으로 받아들여지고 있습니다. 과학이 현대로 오면서 철학과 실질적으로 결별하게 된 거죠. 현재 이루어지고 있는 첨단 연구는 과학자의 철학적 신념보다는 정밀하게 관측된 데이터와 엄밀한 수학적 논리에 기반해 수행되고 있으니까요.

물론 이는 과학자가 개인적으로 철학적 신념을 갖는 것과는 별개의 문제입니다. 과학자 역시 사람인지라 자연을 바라보는 관점이나 태도에 대해 자신만의 철학적 사조를 가질 수도 있고 다른 사람의 관점을 신봉할 수도 있습니다. 다만 과학자가 자연과 우주라는 대상을 마주하는 순간에는 개인적 신념이나 믿음은 모두 버리고 객관화된 수학과 엄밀한 실험적 증거를 기반으로 현상을 설명해야 한다는 사실이 전제되어야 합니다. 그 전제 위에서만 자신만의 관점을 정립할 수 있을 겁니다.

인류 생존을 걸머지다

우주 탄생의 비밀을 풀어낼

신의 방정식, 최종이론

자연계의 네 가지 힘

흔히 물리학의 궁극적 목표라고 하면 '모든 것의 이론Theory of Everything'이라 불리는 최종이론을 떠올릴 겁니다. 최종이론은 자연계에 존재하는 네 가지 힘인 중력, 전자기력, 약한핵력(약력), 강한핵력(강력)을 한번에 기술할 수 있는 한 줄의 방정식을 일컫습니다.

이 중 중력은 아인슈타인의 중력장 방정식으로 기술되며, 이 방정식은 이후 우주의 팽창 및 블랙홀의 존재를 예측하고 중력파를 발견하면서 완전히 확립되었습니다. 나머지 세 힘들은 입자물리학의 표준모형으로 기술되는데, 이는 중력을 제외한 모든 물질과 모든 상호작용을 기술하는 모형이죠. 쉽게 말해 우리 우주는 17개의 기본 입자, 즉 물질을 구성하는 12개의 쿼크와 렙톤, 이들 사이의 상호작용을 매개하는

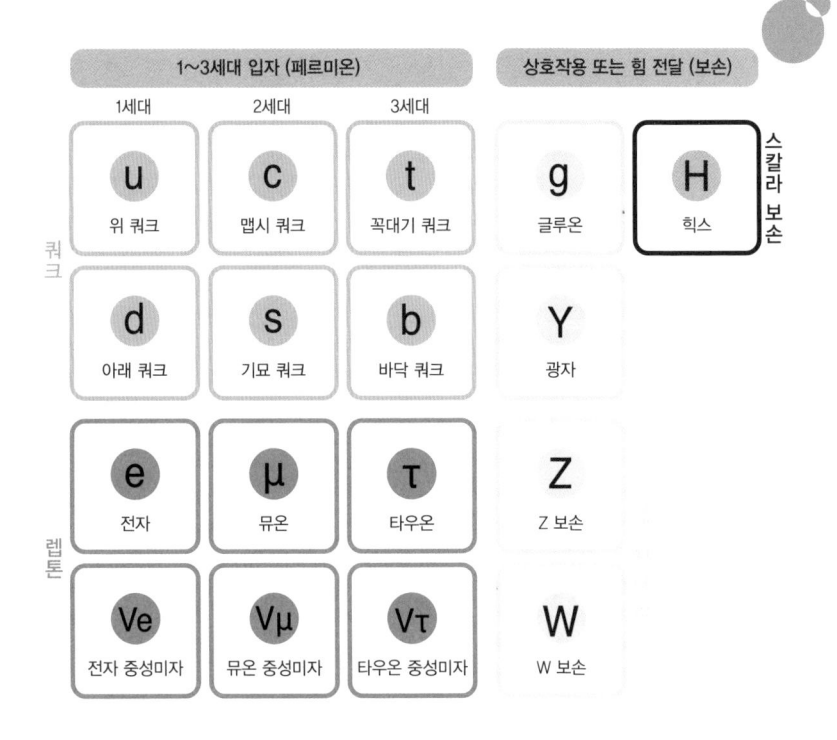

기본 입자의 표준모형

4개의 게이지 보손, 그리고 이 모든 입자들에 질량을 부여하는 힉스 메커니즘과 관련된 힉스 입자 1개로 구성되어 있다는 이론입니다. 중력을 제외하고 우리가 생각하는 자연의 모든 현상들은 전부 이 모형으로 설명이 가능하죠.

물론 수학적으로 세 힘이 완벽하게 통합된 것은 아니지만, 2012년 힉스 입자가 발견되면서 실험과 잘 일치하는, 현존하는 최고 이론 체계로 자리 잡았습니다. 하지만 이 세 힘들은 양자역학을 기반으로 하고 있

는 데 반해 중력은 그렇지 않기 때문에, 아인슈타인의 중력이론과 표준모형은 현재 상태로는 양립할 수 없습니다. 따라서 물리학자들은 이들을 통합할 수 있는 새로운 이론 체계를 찾고 있는 거죠. 우주를 구성하는 모든 힘을 하나의 방정식 안에 담을 수 있다면, 빅뱅 직후 우주의 비밀을 알아내는 것은 물론 우주의 현재와 미래도 모두 한꺼번에 알아낼 수 있는, 말 그대로 '신의 방정식'이 되는 셈입니다.

우선 표준모형과 관련된 세 가지 힘들부터 살펴보겠습니다.

첫 번째, 강한핵력 즉 강력은 양성자와 중성자 같은 핵자들(중입자 또는 바리온) 사이에 작용하는 힘입니다. 양성자와 중성자가 전자기적인 척력에 의해 분리되는 것을 막아서 원자핵으로 잡아 두는 역할을 하죠. 양성자와 중성자는 그보다 더 작은 쿼크라는 입자로 이루어져 있으니, 다시 말해 강력은 쿼크들 사이에 작용하는 힘이며 게이지 보손 중 글루온을 매개로 작용합니다. 강력은 네 개의 기본 힘 중에서 가장 강력하지만 힘이 미치는 범위는 원자핵 크기(10^{-15}m) 정도이기 때문에 우리가 직접적으로 느낄 수 없는 힘입니다.

강력의 지배를 받는 쿼크와 글루온은 우리가 알고 있는 전자기적인 전하 말고도 색전하color charge라는 고유의 물리량을 추가로 갖습니다. 색전하에는 빛의 삼원색인 붉은색, 파란색, 초록색의 세 가지 양자수(양자계를 묘사하기 위해 쓰이는 수)가 있죠. 양자역학에서 스핀이라는 물리량이 실제 입자의 회전을 가리키는 게 아니듯이, 색전하 역시 실제 색깔은 아닙니다. 세 가지 색을 다 합치면 흰색이 되는 빛의 삼원색 원리에 색전

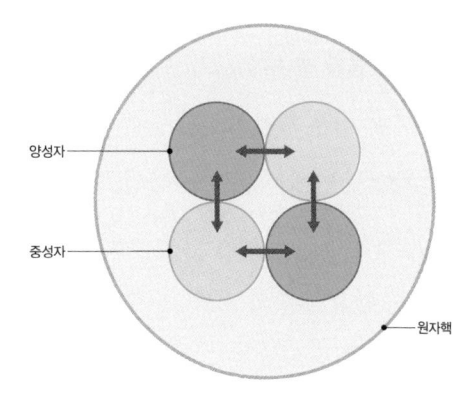

양성자

중성자

원자핵

강한핵력

하의 거동이 잘 들어맞는다는 점에 착안해 머리 겔만이 붙인 이름이죠.

원래 쿼크와 글루온은 양성자와 중성자 같은 핵자 안에서만 단단히 존재하며 절대로 낱개의 입자로 관측되지 않았는데, 이 문제는 데이비드 그로스(1941~)와 그의 제자였던 프랭크 윌첵(1951~)이 해결합니다. 바로 쿼크의 가장 중요한 성질인 '점근적 자유성'을 발견한 거죠. 점근적 자유성이란, 쿼크들이 용수철처럼 묶여 있기 때문에 서로 가까이 있을 때는 자유롭게 움직이다가 거리가 멀어질수록 오히려 상호작용하는 힘이 강해져서 떨어지지 않으려는 성질입니다. 이는 기존의 힘, 즉 중력이나 전자기력처럼 거리가 멀어질수록 약해지는 힘의 성격과 정반대라는 점에서 매우 놀라운 발견이었죠. 쿼크와 글루온에 대한 이러한 발견들을 통해 현재 강력은 양자색역학(QCD: Quantum Chromodynaimcs)이라는 분야로 정립되었습니다.

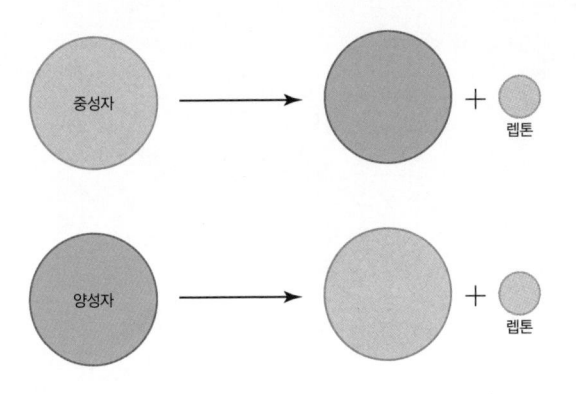

약한핵력

　두 번째, 약한핵력 즉 약력은 핵자들 사이의 변환을 유도하는 힘입니다. 보통은 베타붕괴에 관여하는 힘으로 알려져 있죠. 베타붕괴는 양성자에 비해 질량이 약간 큰 중성자가 양성자로 붕괴하는 과정을 일컫는데, 중성자가 핵자 바깥에서 (불안정한 상태로) 자유롭게 있다면 약 15분 후쯤 양성자로 붕괴하게 됩니다. 중성자가 양성자로 바뀌면서 전자와 반중성미자를 방출하죠. 약력을 전달하는 매개는 게이지 보손 중 W 보손, Z 보손이라는 입자인데요. 이 입자들의 질량은 양성자보다도 훨씬(80~90배) 큽니다. 따라서 불확정성원리에 의해 W와 Z 보존의 수명은 매우 짧고(10^{-24}초) 힘이 미치는 범위 또한 강력보다도 더 짧습니다 (10^{-18}m). 그래서 약력의 크기는 강력에 비해 100만 배 정도 더 작습니다. 전자기력에 비해서도 1만 배 정도 작죠.

　약력은 양성자 수의 변화, 즉 원소의 변화를 불러오기 때문에 소위

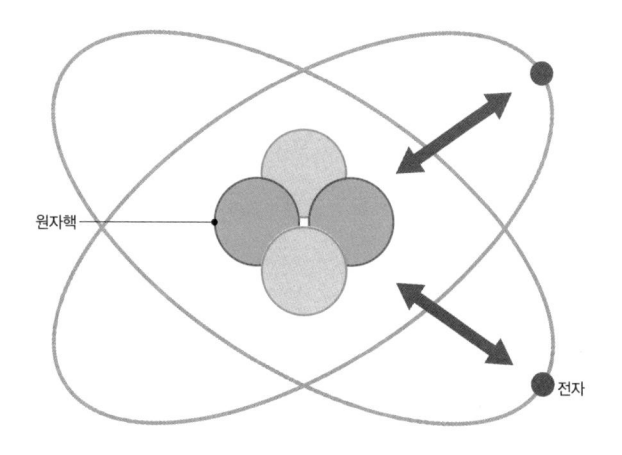

원자핵

전자

전자기력

연금술의 근원이 되는 힘이라고 보면 됩니다. 약력이 있기 때문에 현재 주기율표에 있는 원소들이 존재하는 것이고 우리가 존재하는 것이죠. 또한 약력은 유일하게 중성미자라는 기본 입자에 관여하는 힘이기도 합니다. 중성미자는 앞서 살펴봤듯 에너지보존법칙의 위기를 극복하게 한 선물 같은 입자죠.

약력은 이탈리아의 저명한 물리학자 엔리코 페르미에 의해 처음 이론적으로 기술되었습니다. 이후 스티븐 와인버그와 압두스 살람 등이 W와 Z 보손을 통해 힘이 전달된다는 사실을 밝혀내면서 그 이론적 기반이 정립되었죠. 이후 높은 에너지 상태에서는 약력이 전자기력과 동일한 기원을 갖는다는 사실이 밝혀지고, 에너지가 낮아지면서 두 힘이 분리된다는 전기-약electroweak 게이지이론으로 발전되었습니다.

3장. 미래: 인류 생존을 걸머지다

이처럼 강력과 약력은 그 작용 범위가 매우 짧아서 우리가 생활에서 직접적으로 느끼지 못하는 힘입니다. 반면에 세 번째 힘, 전자나 자기에 의한 전자기력은 거리의 제곱에 반비례하는 힘으로 그 작용 범위가 거의 무한대에 이르는 장거리 상호작용이기 때문에 우리가 직접 피부로 느낄 수 있습니다. 전자기력은 약력에 비해서 1만 배 정도 센 힘으로 원자 세계에서 강력한 영향력을 발휘합니다. 특히 화학에서 다루는 거의 모든 화학반응은 전자기력을 거쳐 이루어지죠.

19세기 후반 맥스웰에 의해 정립된 전자기력은 20세기 중반 리처드 파인만, 줄리언 슈윙거, 도모나가 신이치로에 의해 양자역학적으로 완벽하게 기술되며 양자전기역학(QED: Quantum Electrodynamics)으로 정립됩니다. 이 이론의 핵심은 전자기력은 게이지 보손 중 광자를 통해 전달된다는 것입니다. 광자는 정지질량이 0인 입자이기 때문에 광속으로 움직이며, 따라서 전자기력은 무한대의 범위에서 작용할 수 있습니다.◆

앞서 말했듯 전자기력과 약력은 전기-약 이론으로 완전히 통합되어 있는 상태입니다. 두 힘은 높은 에너지 상태에서 하나의 힘이었다가 에너지가 낮아지면서 분화된 거죠. 이렇게 분화하는 과정에서 게이지 보손 중 W와 Z 보손이 질량을 획득하고 광자는 질량 0으로 남게 되는데 이 과정을 설명하는 것이 바로 힉스 메커니즘입니다.

힉스 메커니즘은 1964년 영국의 물리학자 피터 힉스가 제안한 이

◆　강력을 매개하는 글루온 입자도 질량이 0이지만, 점근적 자유성이라는 특이한 성질 때문에 그 힘의 범위가 매우 작다.

론으로, 온 우주가 힉스 장$^{Higgs\ field}$으로 가득 차 있고 이 힉스 장과 상호 작용하는 입자들만이 질량을 획득한다는 획기적인 내용이었습니다. 힉스가 1964년 이 결과를 발표하기 위해 논문을 제출했을 때 너무 획기적인 나머지, 다수의 저널에서 게재 불가 판정을 받기도 했습니다. 그만큼 당시에는 그의 이론이 충격적이었죠. 하지만 이후 스티븐 와인버그(1933~)가 힉스 메커니즘을 기반으로 1967년 약력과 전자기력을 통합하는 전기-약 게이지이론을 발표하고 표준모형을 정립합니다. 그리고 1970년대 중반에 강력을 설명하는 양자색역학이 정립된 이후, 표준모형은 이 세 힘을 함께 기술하는 입자물리학의 이론적 모형으로 완전히 확립되고요. 이후 1980년대에 W와 Z 보손 입자가 실험적으로 발견되고, 마침내 2012년에 힉스 입자가 발견되면서 표준모형은 그 실험적인 완결을 이루게 되죠.

마지막으로, 중력은 참 특이한 이력을 자랑합니다. 중력은 약 350년 전에 아이작 뉴턴이 만유인력의법칙을 통해 수학적으로 처음 밝혀낸 힘이고 100년 전에 앨버트 아인슈타인이 중력을 시공간의 휘어짐으로 기술하면서 완전히 확립되었습니다. 그러나 최종이론의 입장에서 생각해 보면 중력은 현재까지도 가장 미지의 힘입니다. 앞에서 언급한 세 힘은 표준모형의 체계 안에서 대부분 설명되고 있지만 중력은 아직까지 양자역학적으로 설명이 불가능하기 때문입니다.

더군다나 중력은 힘의 크기가 다른 힘들에 비해 매우 약할 뿐만 아니라(전자기력에 비해 10^{38}배가 작습니다), 시공간의 휘어짐 자체이기 때문에

강력	전자기력	약력	중력

$$1 \rangle \frac{1}{137} \rangle 10^{-6} \rangle 6 \times 10^{-39}$$

네 가지 힘 크기 비교

양자역학(정확히는 게이지-양자장론)을 기반으로 하고 있는 다른 세 힘과 기원 자체가 다릅니다.

예를 들어 볼까요? 전자는 매우 작긴 하지만 유한한 질량을 갖고 있기 때문에(약 9×10^{-31}kg) 당연히 중력의 영향도 받을 겁니다. 하지만 불확정성의 원리에 따라 전자가 존재할 가능성이 중첩되어 있다는 양자역학원리와 중력을 어떻게 결합시킬 수 있을까요? 이를 결합하기 위해서는 중력을 양자역학적으로 설명해야만 할 겁니다. 하지만 현재까지는 중력을 양자화하는 데 큰 이론적인 한계에 부딪히고 있습니다. 아이러니하게도, 인류 최고의 발견이라고도 할 수 있을 중력이 최종이론을 찾는 데 가장 큰 걸림돌이 되고 있는 셈입니다.

표준모형은 누더기 이론?

사실 현재의 표준모형 자체도 최종이론의 관점에서 보면 너무나 많은 결함을 갖고 있습니다. 우선은 수학적인 아름다움의 관점에서 표준모형은 매우 너저분한(?) 형태라고 볼 수 있습니다. 기본적으로 약력과

전자기력은 하나의 힘이 분화한 것으로 설명이 가능하지만, 강력은 수학적으로 여전히 이들과 완전히 융합되지 못했으니까요. 물리학자들은 전기-약 작용처럼 강력 또한 그와 합쳐진 어떤 단일한 상호작용에서 분화했을 것으로 믿고 있지만, 불행하게도 표준모형에서는 이를 설명하지 못하고 있는 거죠.

또한 표준모형 안에는 약 20개 가까이 되는 매개변수들이 존재하는데 이것들은 이론적으로 계산된 것이 아니라 실험적으로 측정된 값들입니다. 문제는 표준모형으로는 이렇게 많은 변수들이 왜 하필 그 값을 가지는가를 설명하지 못한다는 겁니다. 이 변수들의 값이 조금만 틀어져도 전혀 다른 우주가 생길 수 있기 때문에, 이는 곧 지금 우리가 살고 있는 우주가 그저 수많은 변수들의 우연한 조합으로 존재한다는 뜻이 됩니다. 이렇듯 매개변수들의 값을 이론적으로 검증하지 못한다면 표준모형은 궁극적인 이론이 아니라 실험 결과를 설명해 주는 체계일 뿐이라는 한계를 벗어날 수 없습니다.

앞서 언급한 것처럼 수학적으로 엄밀한 아름다움을 중요시했던 폴 디랙은 이러한 한계 때문에 평생 표준모형에 반감을 갖게 됩니다. 특히 그는 표준모형에 등장하는 재규격화 이론(이론에서 생기는 여러 값에 대해 고차원적 수정을 고려하기 위해, 이론의 상수를 형식적으로 바꾸는 과정)을 경멸했는데, 그 이유는 이론적 방정식에 실험으로 얻은 값들을 넣어서 계산한다는 점이었습니다. 그에게 표준모형은 잡다한 실험적 측정치들이 포함된 누더기 이론일 뿐이었죠. 하지만 디랙 역시 표준모형에 대한 대안

3장. 미래: 인류 생존을 걸머지다

을 제시하지는 못했습니다.

무엇보다 표준모형은 중력을 포함하고 있지 않으며 앞으로도 중력을 포함할 수 있는 가능성이 거의 없다는 점에서 그 한계가 명확합니다. 표준모형에서는 중력도 '중력자'라고 불리는 게이지 보손 입자(질량 0, 스핀 2)를 통해 작용할 거라 예측하고 있지만, 어디까지나 예측일 뿐이고 아직 실제로 발견되지 않았습니다.

뿐만 아니라 표준모형은 그 존재를 거의 확실하게 인정받고 있는 암흑물질과 관련된 어떠한 정보도 제공해 주지 않습니다. 대신 암흑에너지의 유력한 후보가 될 수 있는 진공에너지를 예측했는데, 이 값이 암흑에너지값과 10^{120}배나 차이가 났죠. 이는 물리학 역사상 가장 틀린 예측이라고 불립니다.

실제로 1970년대 중반에 표준모형이 성립된 이후 입자물리학 분야에서는 더 이상 획기적인 발견이나 도약이 없었습니다. 좀 심하게 말해서 그저 이론이 예측한 입자들을 검출하는 정도의 성과만 거두고 있는 셈이죠. 2012년에 힉스 입자를 발견한 것은 정말 놀라운 일이었지만, 힉스 메커니즘 이론이 1964년에 제시되었으니 이것을 실험적으로 검증하는 데 48년이 걸렸다는 사실은 이러한 실험적 발전 속도가 현저히 느리다는 것을 오히려 방증하는 셈입니다. 지금도 이론물리학자들이 예측한 가이드라인에 따라 실험을 맞추고 그 존재를 찾는 방식으로 거대 실험이 수행되거나 계획되고 있지만, 그 어떤 새로운 형태의 발견은 전혀 이루어지지 않고 있습니다. LHC는 힉스 입자 발견 이후 괄목할 만

한 발견을 보여 주지 못하고 있고, 암흑물질의 유력한 후보들인 윔프 (WIMP: weakly interacting massive particles)나 엑시온 등도 아직까지는 발견될 실마리가 보이지 않으니까요.

그사이 인간의 수학적 상상력은 어느덧 전 우주로 뻗어 나갔고, 우리가 도달할 수 없고 눈에 보이지 않는 수많은 차원의 세계, 그리고 평행우주론까지 현재 상황에서 도저히 실험으로 규명할 수 없는 온갖 종류의 이론들이 명멸해 왔습니다. 검증할 수 없는 이론과 실험의 괴리는 점점 더 커지고 있으며, 뉴턴의 방식인 분석과 종합은 더 이상 설 자리가 없죠. 그동안 이루어진 이론적 발전과 실험적 진보에도 왜 아직까지 의미 있는 발견을 하지 못했는가에 대해 많은 물리학자들이 회의감을 느끼기도 합니다. 어쩌면 물리학자들이 예측한 초대칭 입자들이나 엑시온, 그리고 암흑에너지는 그 옛날 수백 년 동안 존재를 믿어 의심치 않았던, 그러다 아인슈타인이 관측되지 않는 허상을 걷어 냄으로써 특수상대성이론으로 나아가게 만들었던 에테르와 같은 길을 걷게 될지도 모릅니다.

초끈이론: 최종이론은 과학일까, 믿음일까

그럼에도 물리학자들이 최종이론의 존재를 믿어 의심치 않고, 암흑물질이나 암흑에너지의 존재도 언젠간 밝힐 수 있으리라 굳게 믿는 이

3장. 미래: 인류 생존을 걸머지다

은하단 에이벨 1689. 아주 먼 천체의 빛이 중간의 거대한 천체에 의해
휘어져 보이는 중력렌즈효과는 암흑물질의 존재를 암시한다.

유는 무엇일까요? 단지 궁극적 원리를 갈망하는 인간의 욕망에서 비롯
된 것일까요? 최종이론이 존재하지 않는다면 느낄 인간의 무력감과 허
무감 때문일까요?

정답은 알 수 없겠지만 저는 실험적으로 검증될 수 있는 궁극의 이
론 체계가 반드시 존재할 거라는 믿음은 인간의 본능적인 호기심에서
비롯된 거라고 생각합니다. 우주에 대한 무한한 관심과 호기심은 언뜻
맹목적인 것처럼 보이지만 사실 당연합니다. 실제로 근대과학의 등장
이후 이루어진 수많은 과학적 진보들은 지금과 같은 기나긴 한계 상황
을 타개하면서 이루어져 왔으니까요. 그러니 최종이론의 꿈을 간직하

며 그를 찾기 위해 노력하는 일은 물리학의 꿈과 같습니다. 따라서 물리학자들에게는 최종이론의 존재 유무를 고민하기보다, 그것이 이미 존재한다고 믿고 우리가 어떻게 하면 그것을 찾는 길로 나아갈 수 있을 것인가 고민하는 일이 더 중요하죠.

현재 최종이론의 유력한 후보로 평가받는 이론이 있다면 단연 초끈이론입니다. 모든 기본 입자는 진동하는 '끈'으로부터 생성된다는 아이디어에서 시작된 이 이론은 수십 년간 연구되어 오면서 적어도 수학적으로는 자연계의 네 힘을 통합할 수 있는 가능성을 보여 주었습니다.

초끈이론은 기존의 끈이론과 초대칭성이 결합된 이론입니다. 초대칭성(SUSY: supersymmetry)은 표준모형에서 보손과 페르미온 기본 입자를 연관짓는 대칭입니다. 다시 말해 모든 기본 입자는 (스핀이 2분의 1만큼 다른 것 이외에는) 전하와 질량 등의 양자수가 모두 동일한 하나 이상의 대칭적인 입자를 가진다는 뜻이죠. 초대칭성은 이론적으로 여러 가지 장점을 지니는데, 기존의 표준모형에서 나타나는 이론적 문제들이나 끈이론에 등장하는 많은 이론적 모순을 해결해 줄 뿐만 아니라 암흑물질에 관한 힌트도 제공합니다.

하지만 초대칭 입자는 아직 이론일 뿐 실험적으로 발견되지 않았으며, 업그레이드된 LHC에서 이들을 찾기 위한 노력은 계속될 겁니다.

무엇보다도 초끈이론은 물리학 이론이 갖추어야 할 예측성을 모두 갖추고 있지 못하며 표준모형에서 설명하지 못하는 것들, 예컨대 쿼크는 왜 3세대까지만 존재하는지, 중성미자의 질량은 왜 0이 아닌지에 대

한 답을 제시하지 못하고 있습니다. 물론 초끈이론 연구자들은 결국에는 이러한 질문에 답을 할 수 있을 것이라 생각하고 있지만 그게 언제가 될지는 모릅니다.

다른 문제들은 차치하더라도 무엇보다 실험을 통해 검증할 가능성이 거의 없다는 것이 이 이론의 가장 큰 문제입니다. 현재 가동 중인 LHC가 도달할 수 있는 최대 에너지보다 적어도 수천 조 배는 더 큰 에너지를 얻어야 하거든요. 이는 LHC가 태양계 크기 정도는 되어야 한다는 뜻이기 때문에, 이를 이용해 입자 충돌의 방식으로 검증하는 것은 불가능합니다.

하지만 초끈이론 연구자들은 기나긴 과학의 역사에서 일어났던 혁명적인 발전들을 언급하며, 언젠가는 더 획기적인 방법으로 이론을 검증할 수 있는 때가 올 거라는 희망으로 연구하고 있습니다. 그러한 몇 가지 전례들이 있긴 합니다. 19세기 볼츠만은 당시 기술로는 전혀 관측할 수 없었던 '원자'의 개념으로 열 현상을 설명했지만, 보이지도 않는 가상의 입자를 도입하여 물리학을 오염시키고 있다는 비판을 피하지 못했습니다. 물리학은 실험에 기반해야 한다는 강력한 실증주의가 그의 혁신적인 이론을 짓누른 거죠. 하지만 아인슈타인의 브라운운동을 분석한 논문과 실험 기술 발달에 힘입어 원자는 결국 그 존재를 드러냅니다.

또한 1936년에 칼 앤더슨이 뮤온(표준모형의 렙톤 입자 중 하나)을 발견하고, 일본의 이론물리학자 유카와 히데키(1907~1981)가 예측했던 파이온이라는 중간자(메손)가 1947년에 발견된 이후, 입자 가속기들이 본격

적으로 건설되면서 물리학자들은 기존 입자들(전자, 양성자, 중성자)과는 그 성질이 다른 수많은 입자들을 발견하게 됩니다. 그 입자들이 너무 많아서 이름을 붙이는 데 그리스문자들로는 모자랄 판이었고, 엔리코 페르미는 물리학자가 아니라 식물학자가 된 기분이라고 탄식했죠.

이후 넘쳐 나는 새로운 입자들을 정리하지 못해 혼란에 빠졌던 일부 물리학자들은 '입자 민주주의'라는 이름으로, 더 이상의 하부구조는 없으며 수많은 입자들은 각자의 지위를 지킬 뿐이라고 선언하기도 했습니다. 하지만 수많은 입자들을 이루고 있는 기본 입자는 반드시 존재할 거라는 대다수 물리학자의 믿음은 계속되었고, 마침내 1964년 겔만이 SU(3)로 불리는 군 이론을 이용하여 쿼크라는 기본 입자를 순수하게 수학적으로 예측하는 성과를 거두게 되죠. 그리고 불과 4년 후에 스탠포드선형가속기(SLAC)에서 쿼크가 실제로 발견되면서 다시 한번 물리학은 근본으로 들어갈 수 있었습니다.

하지만 역사는 역사일 뿐입니다. 지금까지 이어져 온 물리학 발전의 역사가 최종이론의 존재에 대한 자명한 미래를 담보할 수는 없습니다. 최종이론도 지금으로서는 어쩌면 과학이 아니라 믿음에 더 가까울 수도 있죠. 또한 이전의 상황과 지금의 상황을 평행하게 볼 수도 없습니다. 예컨대 19세기에 볼츠만의 이론을 반대했던 과학자들이 예측할 수 있었던 실험물리학의 미래와, 현재 초끈이론을 인정하지 않는 과학자들이 예측할 수 있는 실험적인 검증 가능성은 동일하지 않다는 거죠. 과학이 점점 발전할수록 그를 기반으로 예측할 수 있는 미래도 더욱 설득

력을 갖습니다. 더군다나 현재 제시되고 있는 이론의 상상력은 현실적인 실험 가능성과의 괴리를 더욱 벌리고 있기 때문에 회의감은 사라지기 어려울 것 같네요. 따라서 '최종이론은 존재하지만 현재 접근하는 이론적 방식은 아닐 것'이라고 정리하는 것이 최선일 듯싶습니다.

이 장을 시작하며 최종이론이 '모든 것의 이론'이라고도 불린다고 했는데, 이 용어는 굉장한 오해를 살 수 있다고 생각합니다. 마치 이 이론이 완성되면 물리학의 모든 난제를 해결할 수 있다는 그릇된 믿음을 심어 줄 수 있기 때문입니다. 흔히 어떤 자연현상의 원리를 알고자 할 때 입자물리학자들은 그 현상을 잘게 쪼개서 극단으로 간 후, 그 극단에서 벌어지는 일을 기술하는 방식을 택합니다. 이와 같은 생각을 '환원주의Reductionism'라고 부릅니다.

예컨대 물은 수소와 산소로 이루어져 있는데 그것들은 원자핵과 전자로 이루어지고, 원자핵은 양성자와 중성자로 이루어지며, 양성자와 중성자는 쿼크로 이루어집니다. 또 쿼크를 구성하는 무언가 다른 근본 입자(예를 들면 초끈이론에서 말하는 '끈')를 찾아내고 그들 간의 상호작용을 통해 기술되는 물리법칙을 발견하는 방식인 거죠.

만약 '모든 것의 이론'이라 불리는 최종이론의 방정식을 찾았다고 가정해 봅시다. 이러한 환원주의를 기반으로 하는 최종이론의 방정식이 과연 모든 과학 현상의 원리를 설명할 수 있을까요? 예컨대 최종이론은 물이 왜 0°C에서 어는지, 왜 4°C에서 가장 큰 밀도를 갖는지 설명할 수 있을까요? 더 나아가 수많은 원자들이 모여 세포를 이루고 이것

들이 유기적으로 결합하면서 마침내 생명체를 탄생시키는 과정을 설명할 수 있을까요?

극단적으로 희귀한 존재의 자기 기원 찾기

자성체와 초전도체 연구로 명성을 떨쳤던 미국의 응집물질물리학자 필립 앤더슨(1923~2020)은 환원주의적 방식으로는 기본 입자들이 모여서 이루는 물질에 대한 물리적 성질을 논할 수 없다고 주장했습니다. 뿐만 아니라 입자들이 기존 입자물리학의 방정식과는 전혀 다른 방식으로 거동한다는 것을 규명하며, '많은 것은 다르다More is different'라는 어록을 남깁니다. 즉, 수많은 입자들이 모여 있을 때 발현되는 새로운 물리적 거동은 각 입자들의 특성으로부터 유도해 낼 수 없다는 거죠. 이에 따르면 물질을 이해하기 위해서는 환원주의와는 정반대로 접근해야만 하며, 이것을 '창발주의Emergentism'라고 합니다.

창발주의는 수많은 원자들이 밀집되어 있는 응집물질을 연구하는 데 가장 기본적인 정신이 되었습니다. 또한 생명을 이해하는 데에도 가장 중요한 틀이 되었죠. 창발주의는 물질을 구성하는 원자들의 물리적 특성이 단순히 합해지는 것을 넘어, 서로 밀집됨으로써 발생하는 상호작용에 의해 수많은 새로운 현상이 발현될 수 있다는 믿음을 전제로 하기 때문입니다.

생명이 어떻게 탄생했는지를 규명하는 것은 생명과학만이 아니라 물리학을 포함한 모든 자연과학의 궁극적인 목표입니다. 어쩌면 환원주의에 기반한 최종이론의 발견을 통해 우주의 비밀을 푸는 것보다, 생명이 어떠한 과정을 거쳐 창발되었는지 밝히는 일이 더 어려울지도 모릅니다. 최종이론을 향한 여정은 온전히 물리학자들의 몫인 데 반해, 생명에 관한 연구는 물리학과 화학, 그리고 생명과학 모두를 아우를 수 있는 지적 통찰이 필요하기 때문입니다.

2장에서 강조했던 것처럼, 물리학과 화학의 경계, 그리고 화학과 생명과학의 경계는 인간에 의해 인위적으로 나뉘었을 뿐입니다. 자연과 생명에 그러한 칸막이는 존재하지 않으며, 그것을 온전히 걷어내야만 자연과 생명, 그리고 우주에 관한 통합적 접근이 가능합니다. 물리학이 큰 밑그림을 그리고, 화학이 채색을 하고, 생명과학이 디테일을 완성하는 방식으로 말이죠.

생명의 탄생 과정을 규명하는 것은 아직 미지의 영역이지만, 생명이 탄생할 확률이 얼마나 되는지에 대해서는 좀 더 정립된 물리학으로 설명할 수 있습니다. 미국 콜롬비아대학교 물리학과 교수이자 대중과학 저술가인 브라이언 그린은 『엔드 오브 타임』에서, 물리학적인 관점에서 생명체가 탄생하는 과정을 '엔트로피 2단계 과정'으로 정의했습니다. 열역학 제2법칙에 의해 엔트로피는 항상 증가해야만 하지만 모든 영역에서 균일하게 증가할 필요는 없다는 데 착안한 과정입니다. 고립된 계에서 엔트로피의 총합이 늘 증가하기만 하면 되므로 부분적으로는 엔트로

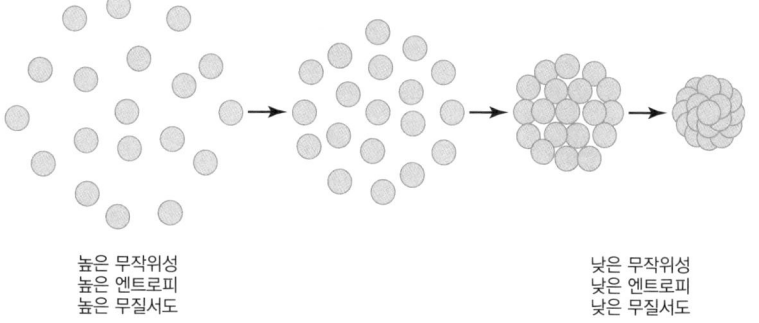

높은 무작위성
높은 엔트로피
높은 무질서도

낮은 무작위성
낮은 엔트로피
낮은 무질서도

엔트로피 2단계 과정

피가 감소할 수 있고 그 과정 중 하나가 바로 생명의 탄생인 거죠.

엔트로피에 대한 명확한 정의는 볼츠만에 의해 확립되었습니다. 그는 엔트로피를 '동일한 거시 상태를 구성하는 미시 상태의 개수'로 정의했는데, 이를 쉽게 이해하기 위해서 윷놀이를 생각해 봅시다. 윷놀이에서 '도'라는 거시 상태를 결정하는 경우의수는 네 가지입니다. 네 개의 윷가락 중에 어느 한 개만 배를 보이고 나머지는 등을 보인다면 몇 번째 윷가락이 배를 보이느냐에 상관없이 '도'라는 거시 상태가 결정되죠. 마찬가지로 '개'라는 거시 상태를 구성하는 총 경우의수는 여섯 가지가 되고, '걸'은 네 가지, '윷'과 '모'는 한 가지이므로 우리는 '개'의 엔트로피가 가장 크다는 것을 알 수 있습니다.

볼츠만은 이에 착안하여 자연은 항상 엔트로피가 높은 상태, 즉 미시 상태의 수가 가장 많은 거시 상태로 진행한다는 개념을 창시하게 되

3장. 미래: 인류 생존을 걸머지다

고, 이것이 열역학 제2법칙의 본질입니다. 그런데 여기서 가장 중요한 점은 바로 볼츠만이 경우의수를 기반으로 하는 확률을 물리법칙에 최초로 도입한 것인데요. 자연은 엔트로피가 높은 상태, 즉 경우의수가 많은 상태로 진행하지만 그 반대로 진행할 확률도 분명 존재한다는 겁니다. 다만 그 확률이 극도로 낮기 때문에 실제로 일어나지 않는다는 거죠.

예를 들어 우리가 있는 방에서 갑자기 모든 공기 분자가 한쪽 구석으로 모여 나머지는 진공이 되는 경우를 생각해 보죠. 이 경우는 공기가 균일하게 퍼져 있는 것보다 엔트로피가 (매우) 낮습니다. 즉, 모든 공기 분자가 한 점에 모일 확률이 0은 아니지만 너무나 낮기 때문에 그런 일은 일어나지 않습니다. 혹시라도 일어나면 우리는 죽게 되겠지만 그런 걱정은 전혀 하지 않죠.

이와 같이 확률이 0은 아니지만 너무나 작아서 현상이 일어나지 않는다는 볼츠만의 엔트로피 이론은 당시 물리학계에 대단한 충격을 주었습니다. 결정론을 기반으로 하고 있던 물리학에 확률이 도입되었기 때문인데, 이 때문에 볼츠만은 자신의 이론에 대한 지속적인 반론과 비난에 시달리다 생을 마감했습니다. 하지만 그가 도입한 확률 기반 엔트로피 법칙은 오늘날에는 정식 이론으로 받아들여지고 있으며, 생명체의 탄생을 거시적인 물리학적 관점으로 설명할 수 있도록 만들어 주었습니다.

생명의 탄생과 관련한 엔트로피 2단계 과정을 이해하기 위해서 단순하게 생각해 보죠. 약 1,000억 개의 별로 구성된 우리은하가 총 1,000

억 개 있는 우주가 고립계라고 가정해 본다면 우주의 엔트로피는 열역학 제2법칙에 의해 증가할 겁니다. 이 광활한 우주 안에 지구와 같은 행성이 존재하면서 그 안에 의식을 갖는 인간이 존재할 확률은 얼마나 될까요? 천문학자들은 반드시 외계 문명이 존재하리라 생각하고 있지만, 일단 우리 지구에만 의식을 가진 존재가 있다고 가정하면 그 확률은 1,000억×1,000억분의 1이 될 겁니다. 약 10^{22}분의 1 정도의 확률이네요. 이것도 물론 각 별당 행성이 하나씩 있다는 가정하에 계산된 겁니다. 이 확률은 $1m^3$ 안에 기체 분자가 아보가드로수만큼 존재할 때 그것들이 지극히 작은 한 점으로 모일 확률과 비슷합니다. 도저히 일어날 수 없는 일이죠. 하지만 그 확률이 0은 아닌 겁니다.

우리 인간의 존재는 바로 이와 같이 극단적으로 작은 확률을 갖는 엔트로피 2단계 과정의 결과물이라 볼 수 있습니다. 이렇게 생각하면 너무나 신기한 일이죠. 우리가 존재할 수 있는 확률이 기체 분자들이 모조리 한곳으로 모여 있을 확률과 비슷하다니, 인간의 상상으로는 도저히 일어날 수 없는 일이지만 역시 상상도 할 수 없이 거대한 우주 공간을 생각한다면 충분히 일어날 수도 있는 일입니다.

이제는 이렇게 극도로 낮은 확률에 기반한 엔트로피 2단계 과정으로 탄생한 생명이 구체적으로 어떠한 메커니즘을 통해 생겨났는지 밝혀내는 일이 중요합니다. 우리 우주가 극도의 낮은 확률에도 불구하고 기어이 탄생시킨 생명체가, 이제는 스스로의 기원을 밝히기 위해 고군분투하고 있는 셈입니다.

3장. 미래: 인류 생존을 걸머지다

생물물리학 미스터리: 정크 DNA

생명현상에 대한 물리학적 연구로는 무엇이 있을까요? 앞서 말했 듯이 슈뢰딩거나 크릭이 모두 물리학자였다는 사실은 물리학이 생명 연구와도 깊은 연관관계가 있다는 것을 보여 줍니다. 실제로 현재 프런 티어 영역에서도 물리학이 생명과학과의 공동 연구를 통해 다양한 생 명현상의 비밀을 밝혀내는 일에 앞장서고 있습니다.

물리학자들은 직관적이면서도 모두를 포괄하는 일반화된 이론 체 계를 정립하는 것을 목표로 하지만, 무생물만을 대상으로 한다는 인식 이 흔합니다. 그러나 생명현상 또한 물리학의 대상이 아닐 수 없기 때문 에, 그로 인해 탄생한 생물물리학이 각광받고 있는 거죠. 예컨대 생물물 리학자들은 몇몇 간단한 모델 시스템에서 유전자가 DNA로부터 시작 하여 RNA를 거쳐 단백질로 발현된다는 사실과, 그 기계적이고 물리적 인 과정을 규명해 왔습니다. 하지만 세포 내 전체 DNA를 들여다보면 대부분의 중요한 문제들이 해결되지 못한 채 그대로 남아 있죠.

대표적으로 한 가지만 소개해 보자면, 생명현상에서 가장 미스터리 한 문제들 중 하나가 바로 게놈 암흑물질로 불리는 정크 DNA입니다. 약 100조 개로 구성된 인간의 세포들은 신기하게도 종류에 관계없이 같은 DNA를 가지고 있습니다. DNA는 핵산의 일종으로, 오른나사 방 향의 이중나선 모양을 갖는 고분자polymer 화합물입니다. 유전정보가 들 어 있는 가장 중요한 물질이며, 세포가 자주 펴 봐야 하는 설계도와 같

1953년 크릭이 스케치한 DNA 이중나선 구조의 초안

죠. DNA의 두 개 사슬은 네 종류(A: 아데닌, G: 구아닌, T: 티민, C: 시토신)의 염기로 구성되어 있고, 아데닌은 티민과, 구아닌은 시토신과 결합하는 상보성 규칙에 따라 두 사슬이 지퍼가 잠기듯 연결된 형태를 갖습니다. 이 염기들은 특정한 순서로 배열되어 있으며 이러한 염기 서열이 유전자를 전달하는 알파벳이라고 할 수 있습니다.

왓슨과 크릭이 밝혔듯이 DNA는 유전정보를 담고 있고 이것을 복사한 가닥이 핵 밖으로 나와 유전정보를 전달하며, 이에 따라 아미노산들이 다양한 순서로 결합하여 단백질을 만듭니다. 이 단백질들이 생물체의 모양을 만들고 기능을 조절하는 거죠.

인간의 경우, 염기 서열 쌍의 수는 무려 30억 개나 되는데, 23쌍의 염색체로 나뉜 세포 하나의 핵에 있는 DNA를 모두 이어붙이면 그 길이가 약 2m에 이르죠. 2m나 되는 DNA가 세포 속, 그것도 크기가 수십 마이크로미터에 불과한 핵 속에 구겨져 들어 있는 셈입니다. 인간의 몸은 약 100조 개의 세포로 구성되어 있으므로 모든 세포에 있는 DNA를 이어붙이면 약 2×10^{14}m가 되겠네요. 이는 지구와 태양 사이의 거리인 1.5×10^{11}m(1억 5,000만 킬로미터)보다도 약 1,000배 이상이나 더 긴, 상상도 할 수 없는 어마어마한 길이입니다.

과학자들이 궁금했던 것은 이렇게 긴 DNA에서 어떤 단백질들이 어디에, 그리고 어떤 방식으로 저장되어 있는지에 관한 정보였습니다. 흥미롭게도 2003년에 인간게놈프로젝트가 단 1.5%의 DNA만이 유전자를 담고 있다는 충격적인 결과를 발표했는데,[*] 이는 98.5%의 DNA가 단백질을 만드는 어떤 정보도 담고 있지 않다는 의미였습니다. 이에 따라 인간의 단백질 유전자는 겨우 3만 개 미만인 것으로 밝혀졌죠.

바로 이 유전자를 담고 있지 않은 나머지 부분을 정크 DNA라 부릅니다. 아무런 역할을 하지 않는 것처럼 보이는 정크 DNA가 어째서 98.5%나 되는지, 그리고 왜 사라지지 않고 존재하는지에 대한 의문은 중요한 난제가 되었습니다. 이후 수행된 연구에 따르면 일단 RNA로 전사되는 DNA의 비율은 1.5%가 아닌 약 80%나 된다는 사실이 밝혀지면

◆　　B. Alberts et al., "The Molecular Biology of the Cell" 4th ed. *Garland Science*.

서,[*] DNA는 대체 왜 단백질로 번역되지도 않는 다량의 RNA를 만드는 지 그 이유를 밝히기 위한 연구가 계속되고 있습니다.

인간과 같은 고등생명체의 정크 DNA에서 유래한 RNA들은 모두 특정 서열을 담고 있습니다. 이들은 유전체의 다른 부분들과 유사한 서열을 갖는 경우가 많아서 DNA 부분들을 잘 인식하여 서로 연결할 수 있고, 동시에 아미노산과도 잘 결합합니다. 따라서 정크 DNA가 유전자 발현과 억제 조절에 필요한 단백질 인자들에 대한 정밀한 제어에 영향을 미칠지도 모른다는 연구가 진행되고 있지만, 이 단계부터 확실한 과학적 증거는 아직 없는 걸로 알려져 있습니다. 비록 개개의 과정은 확률적이고 불규칙적인 특성이 있겠지만 결국 생명 회로가 틀림없이 돌아가기 위해 안정적인 메커니즘이 존재할 거라는 가정은 사실일 가능성이 높죠. 그 메커니즘에 정크 DNA가 관련되어 있다는 가설이 설득력을 얻고 있지만 역시 아직 믿을 만한 결과는 없는 것 같습니다.

하지만 정크 DNA가 생명현상의 분자적 원리를 제공하는 존재가 될 수 있다는 가설은 여전히 강력하게 지지받고 있으니, 정크 DNA가 마치 물질에 질량을 부여하는 힉스 장 같은 존재로 규명될 날이 올지도 모르겠습니다. 물론 그러려면 이러한 복잡한 회로의 핵심을 담는 기본적인 모델이나 물리적 이론이 개발되어야 할 겁니다.

---

[*] M. B. Gerstein et al., "Integrative Analysis of the Caenorhabditis elegans Genome by the modENCODE Project," *Science* 330, 1775(2010).

3장. 미래: 인류 생존을 걸머지다

인공지능은 과학자가 될 수 있을까

의식의 탄생과 인공지능의 등장

의식Consciousness의 탄생은 생명의 탄생과는 또 결이 조금 다릅니다. 생명은 엔트로피 2단계 과정에 의해 극적으로 질서 체계를 갖는 유기물이 생겨날 확률이 존재함으로써 탄생할 수 있었지만, 이 생명체가 스스로를 인식하고 세상을 사유할 수 있게 만드는 의식은 또 어떻게 생겨난 것일까요? 이 물음 또한 물리학자를 비롯한 대부분 자연과학자들이 갖고 있는 근본적인 의문이죠.

인간이 아닌 하등생물계 역시 극단적으로 낮은 확률을 뚫고 성립된 고도의 질서 체계의 산물이지만, 그들의 행동 양식은 마치 프로그래밍되어 있는 로봇처럼 본능적인 패턴을 보여 주며 그로부터 벗어나지 않습니다. 태어났으니 살아야 하고 살기 위해서 에너지를 얻는 과정에 충

실할 뿐이죠. 그러다가 다시금 자연스럽게 증가하는 엔트로피에 순응하며 자연으로 돌아갑니다.

물론 인간을 비롯한 고차원적인 생명체도 이 과정은 똑같이 겪습니다. 하지만 인간은(엄밀히 말하면 인간의 뇌는) 여기에서 한 단계 더 점프해 자신의 존재, 그리고 자신을 둘러싼 환경을 인식합니다. 더 나아가 언어를 통해 개념을 공유하면서 집단을 지향하게 되고, 이는 결국 사회적 실재인 문화를 만들어 내며 인류 문명을 탄생시키죠. 그리고 마침내 우주를 사유할 수 있게 되면서 우리의 기원에 대해 스스로 생각할 수 있는 단계에 이르렀습니다. 의식의 탄생이 인간이 세상을 인식하는 초석이 되고 과학이라는 학문으로 체계화되어, 광활한 전 우주를 엄밀하게 탐구할 수 있는 시대가 온 겁니다.

이처럼 고차원적인 생명체의 의도된 행동, 목적 지향적 선택, 이타적 희생, 정치와 종교적인 행위를 가능하게 하는 '의식'의 존재는, 생명의 탄생과 더불어 또 한 번의 퀀텀점프(양자 세계에서 양자가 한 단계에서 다음 단계로 계단의 차이만큼 뛰어오르는 현상)가 일어나지 않으면 설명될 수 없는 놀라운 특성입니다. 따라서 의식의 산물인 과학이 이제는 자신을 만든 의식의 기원을 알아내려 도전하고 있는 셈인데요. 이를 연구하는 주된 분야가 바로 신경과학입니다.

흔히 뇌과학이라고 불리는 신경과학 연구는 최근에 더욱 폭발적으로 증가했습니다. 인간의 뇌를 이해하는 것이 결국 의식의 기원을 이해하는 열쇠이기 때문이죠. 이렇듯 쏟아지는 연구 성과들에 힘입어 뇌에

관한 지식들이 빠르게 축적되고 있지만 이에 대한 완벽한 이해는 아직 범접할 수 없는 단계입니다.

이론물리학자인 로저 펜로즈는 『황제의 새 마음』에서, 인간 의식의 관점에서 어떠한 대상을 논리적이거나 감정적으로 이해할 때 양자역학적인 파동함수의 중첩과 붕괴의 원리가 개입한다고 주장합니다. 그렇기 때문에 기존의 계산 과학적 접근으로 인간의 마음을 창조하는 것은 불가능에 가깝다고 하죠.

인간 의식의 기원을 찾는 일과는 별개로 인간 뇌의 메커니즘을 모방하는 기술인 인공지능에 대한 이야기를 하지 않을 수 없겠죠? 인공지능은 4차 산업혁명의 한복판에서 다양한 미래 산업의 폭발적인 성장을 이끌고 있습니다. 특히 인공지능의 한 분야인 기계학습(머신러닝)은 자율주행, 암 치료 등 각 분야에서 이미 사람을 대신하기 시작했는데, 단순히 대신하는 것이 아니라 훨씬 더 놀라운 속도와 정확도로 사람의 능력을 앞서 나가기도 합니다. 기계학습은 명시적인 프로그래밍 없이 데이터를 기반으로 스스로 중요한 패턴이나 규칙을 학습하는 전산 알고리즘을 말합니다. 인공지능이 이러한 기계학습을 기반으로 한다는 것은, 기존에 알지 못했던 새로운 경험을 스스로 학습해 그에 대응하는 방식을 습득할 수 있다는, 다시 말해 임의의 상황에 대처할 수 있는 능력이 있다는 뜻입니다. 여기서 말하는 '능력'이란 어떤 입력값에 대한 해석이나 예측에 해당하는 대응 함수 모형이라고 할 수 있는데, 이러한 능력을 구현하는 방법은 다양하게 있지만 그중에서 기계학습이 가장 탁

월한 성능을 발휘하고 있는 거죠.

기계학습 중에서도 딥러닝은 인공신경망(ANN: Artificial Neural Network)을 기반으로 예시 데이터에서 얻은 일반적인 규칙을 독립적으로 찾아낼 수 있는 모형입니다. 인공신경망은 인간의 뇌에서 작동하는, 즉 서로 연결된 '뉴런' 계층으로 구성된 신경망을 모사하여 만들어진 체계인데요. 일단 인공신경망을 생성하면 이를 다수의 데이터를 통해 훈련시키고, 이렇게 훈련된 신경망을 실제 작업에 사용하는 거죠. 이러한 과정을 '추론'이라고 하며, 추론이 진행되는 동안 인공신경망은 학습된 규칙에 따라 제공된 데이터에 대한 평가 결과를 다시 보고합니다. 한마디로 인간의 뇌에서 일어나는 사고 과정을 모사하는 방식으로 문제 해결을 하는 겁니다.

딥러닝 기술은 이미 바둑에서는 알파고가 이세돌을 이긴 후 인간의 한계를 한참 넘어선 지 오래고, 앞으로 도래할 자율주행 차량 등에서도 핵심적인 역할을 할 것으로 기대되고 있습니다. 자율적으로 주행을 하기 위해서는 신호의 색을 인지할 수 있어야 하고, 거리에서 사람을 구분할 수 있어야 하며, 자동차 사이의 거리 및 상대속도를 실시간으로 측정하여 반응해야 합니다. 음성 및 얼굴 인식은 물론 탑승자의 제스처를 인식하여 동작하는 기술까지 포함해야 하므로 딥러닝은 마치 실제 인간의 뇌처럼 모든 상황을 종합적으로 인지할 수 있는 단계까지 발전해야 하는 거죠.

인공지능의 발전 속도는 워낙 빨라서 스스로 작곡을 하거나 그림을

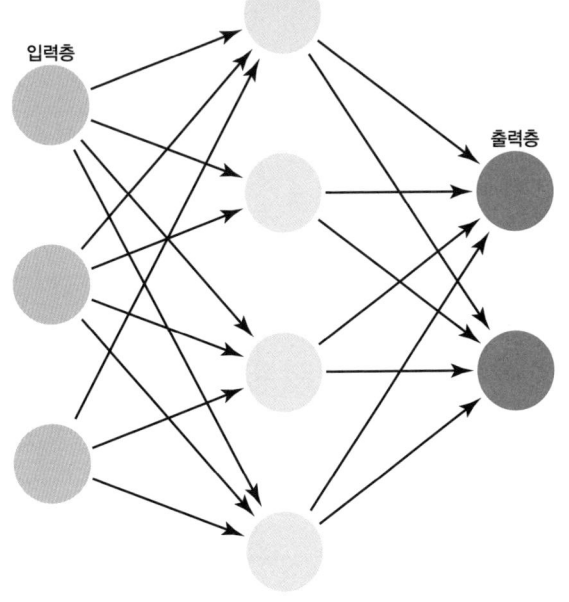

인간 뇌의 뉴런을 모사하여 만든 인공신경망의 구조

그리는 등, 예술의 영역까지도 이미 범위를 확장하고 있습니다. 실제로 예술계에서는 인공지능이 창작한 작품을 진짜 '예술'로 인정할 것인가에 대한 진지한 논의가 진행 중이죠.

거대과학과의 시간 싸움

인공지능의 역할과 비중은 특히 과학 분야에서 나날이 늘어 가고

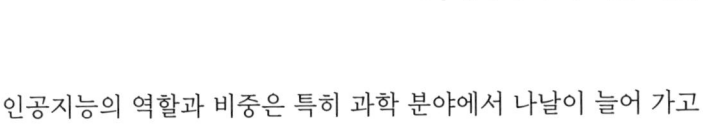

있습니다. 뉴턴과 아인슈타인의 시공간에 대한 중력이론부터 미시세계의 양자 현상을 담은 양자역학까지, 자연에 대한 수많은 관찰과 실험을 바탕으로 인류가 정립해 낸 물리 이론과 법칙들을 과연 인공지능이 아무런 배경지식 없이 스스로의 능력만으로 재발견할 수 있을까요? 나아가 인공지능이 더 어렵고 복잡한 물리 현상에 대한 연구를 수행해 나갈 수 있을까요? 이러한 물음은 끊임없이 제기되어 왔고 그와 관련된 연구는 해마다 쏟아지고 있습니다.

현재까지는 수많은 수학적 대칭성과 물리적 직관을 기반으로 새로운 물리 모형을 발견하는 복잡한 사유 과정을 인공지능이 완벽하게 습득할 수 있을지에 대해 회의적인 시각이 더 많은 것 같습니다. 하지만 인공지능의 미래가 어떠한 모습을 보일지 그 누구도 쉽게 가늠할 수는 없습니다. 현재 물리학을 포함한 여러 과학 연구 분야에서 다양한 형태의 인공지능을 활용하는 사례가 늘고 있으며, 앞으로도 자연과학의 발전과 함께할 거라는 의견에는 반대의 여지가 없죠. 특히 이러한 인공지능의 발전을 이끌고 있는 기본적인 기계학습 알고리즘이 지속적으로 발전하고 있는 상황에서, 바둑이나 체스에서처럼 물리학 분야에서도 인공지능이 사람을 능가할 수도 있다는 연구 결과들이 발표되고 있습니다.

그렇다면 과연 인공지능이 자연과학 분야의 난제들을 해결할 수 있을까요? 물리학 분야의 수많은 난제를 크게 세 가지 유형으로 분류해 보겠습니다. 우선은 엄청나게 많은 변수들이 관여하고 있는 시스템에

3장. 미래: 인류 생존을 걸머지다

서 답을 찾는 문제입니다. 이러한 문제는 빅데이터 분석과 관련이 있는데, 인간이 지금까지 해 오던 방식으로는 너무 시간이 오래 걸리거나 아예 분석이 불가능한 문제들도 존재합니다. 이러한 유형의 난제에서는 인공지능이 괄목할 만한 성취를 보여 주고 있습니다. 기존의 물리학자들이 현상을 분석하는 데 걸리는 시간을 대폭 줄임으로써 훨씬 효율적인 연구를 진행할 수 있게 도와주고 있죠. 예컨대 이론물리학자들이 6년 동안 수행한 자석의 스핀 현상 분석을, 인공지능은 불과 수 주일 만에 해결했다는 연구 결과가 보고되기도 했습니다.◆

특히 거대과학에서 얻어지는 방대한 실험 결과들은 이미 인간의 힘으로 분석할 수 있는 범위를 넘어섰기 때문에 인공지능의 도움을 받아 연구하고 있습니다. 중력파 연구의 경우, 2016년에 처음 발견된 이후로 좀 더 정밀한 분석 연구가 진행 중인데요. 서로를 중심으로 돌고 있는 두 거대한 블랙홀에서 방출되는 중력파를 분석할 때 각각의 속도와 스핀, 그리고 질량의 변화 등 수많은 변수를 정확하게 고려해야만 중력파의 성질을 알아낼 수 있는데, 인간의 능력으로는(슈퍼컴퓨터를 사용한다고 해도) 분석하는 데만 한 달이 넘게 걸린다고 합니다. 인공지능은 이것을 단 몇 시간 만에, 그것도 더욱 정확하게 분석할 수 있죠.

또한 인공지능은 LHC에서 얻어지는 엄청난 양의 데이터를 분석하는 데에도 이미 그 재능을 발휘하고 있습니다. 실제로 LHC에서는 1초

◆   Jonas Greitemann et al., *Physical Review Journals*, B 100, 174408(2019).

에 양성자가 10억 번 이상 충돌하는데, 이때 양성자가 붕괴하여 만들어지는 데이터의 양은 1초에 1PB(페타바이트)입니다. 1PB는 10^{15}B로 1TB의 1,000배에 달하죠. 매초 발생하는 이러한 빅데이터들을 모두 저장할 수는 없기 때문에 관심 있는 충돌 사건만 저장하는데 이 데이터만 매년 200PB 이상입니다. 더구나 2029년 이후 LHC는 광도가 좀 더 높은 양성자 빔을 이용하여 1초당 충돌하는 양성자 개수를 10배 이상 늘릴 계획인데(이를 High-Luminosity LHC, HL LHC라 부릅니다), 이렇게 되면 데이터의 양은 현재보다 100배 이상 많아지게 됩니다.

보통 이러한 빅데이터를 분석하는 전통적인 방법은 인간이 물리적인 지식을 동원하여 가장 효율적이라고 생각하는 변수를 찾아 1차원 혹은 2차원 분포에서 직선 하나로 신호와 배경 사건을 구분해 내는 겁니다. 하지만 원자 세계에서 물리적인 현상은 확률적으로 분포하기 때문에 단순히 선형적으로는 원하는 신호를 효율적으로 분리해 낼 수 없고 훨씬 복잡한 분류 방법이 필요한데, 기계학습을 통해 이를 실현할 수 있는 거죠.

뉴로모픽: 인간 뇌를 따라잡아라

그런가 하면 기존의 접근 방법으로 해결하기 어려워서 완전히 새로운 방식으로 접근하여 해결해야만 하는 문제들도 있습니다. 이러한 유

3장. 미래: 인류 생존을 걸머지다

형의 난제들에서 역시 인공지능이 문제 해결을 위한 새로운 접근법을 스스로 찾는 데 성공하고 있고요. 예를 들어 광학 분야에서는 뛰어난 광학적 성질을 보일 수 있는 최적화된 구조를 설계하는 것이 매우 중요한데, 인공지능은 기본적인 물리적 성질뿐만 아니라 이를 소자로 활용했을 때 안정성과 고효율성을 담보하는 구조들을 스스로 찾아내기도 하죠. 특히 전자의 거동을 제어하는 현존하는 전자공학 장치와 달리, 광자를 기반으로 하는 포토닉 소자는 4차 산업혁명을 이끄는 또 다른 축이 될 겁니다. 왜냐하면 광자는 전자에 비해 그 속도가 훨씬 빠를 뿐만 아니라 각종 전자기학적 상호작용이 매우 적기 때문입니다.

이에 따라 광자를 기반으로 동작하는 포토닉 컴퓨팅에 대한 연구가 활발히 이루어지고 있고, 광 집적회로는 초고속 인공신경망을 가능하게 하여 새로운 종류의 정보처리 기계를 위한 틀을 제공하고 있습니다. 이러한 하드웨어에서 실행되는 알고리즘은 의료 진단, 통신, 고성능 및 과학 컴퓨팅과 같은 분야에서 늘어나는 기계학습 수요를 해결할 잠재력을 가지고 있죠. 이는 뉴로모픽 광학 분야로 확장되어 프런티어 영역에서 활발히 연구되고 있습니다.

뉴로모픽Neuromorphic이란 현재의 반도체 소자 집적회로 기술에 기반한 하드웨어를 만들 때 인간의 뇌 신경 구조를 모방하는 분야입니다. 복잡한 인간의 뇌가 수행하는 '직관'적인 연산과 판단을 인공지능을 이용해 구현하려는 거죠. 인간의 뇌에서는 1,000억 개가 넘는 신경세포, 즉 뉴런이 100조 개 이상의 시냅스라는 연결 고리를 통해 다른 뉴런과 서

로 신호를 주고받으며 순식간에 정보를 처리하고 저장합니다. 신기한 것은 인간의 뇌가 이러한 엄청난 수의 뉴런과 시냅스의 연결을 통해 기억, 연산, 추론 학습 등을 20W 수준의 매우 낮은 전력으로 동시에 수행할 수 있다는 겁니다. 딥러닝으로 구현된 구글의 '알파고'가 어마어마한 전력을 잡아먹는 데 반해 인간의 뇌는 고작 20W로 그에 상응하는 복잡한 계산을 수행하는 거죠. 이것이 바로 반도체 업계와 공학계가 '뇌' 연구에 역량을 투입하는 이유입니다. 뇌 신경 구조를 모방해 하드웨어 크기와 전력 소모를 대폭 줄이는 것이 뉴로모픽의 가장 큰 화두인 것도 그 때문입니다.

인간의 뇌를 들여다보면 스파게티처럼 무질서하게 엉켜 있는 신경 돌기들이, 하나의 뉴런이 여러 뉴런과 접촉하는 구조로 되어 있다는 것을 알 수 있습니다. 두 개의 뉴런이 접촉하는 지점에 시냅스가 있고, 이것이 뉴런들이 서로 신호를 주고받는 연결 지점의 역할을 합니다. 이는 뇌 신경계가 마치 가느다란 전선처럼 배선된 뉴런들의 조합이라는 뜻이죠. 신호를 전송하는 뉴런에서 신경전달물질이 분비되면 수신을 하는 뉴런에서 이를 감지해 화학 신호가 전달되는 방식입니다. 예컨대 뉴런 A가 자극을 받으면 스파이크 형태의 신호가 시냅스를 통해 뉴런 B로 전달됩니다. 스파이크가 일어나 신경전달물질이 분비되면 시냅스가 활성화되고, 그 반대편에서 수용체는 신경전달물질을 감지해 마치 전류가 흐르는 것처럼 연결되어 신호가 전달되는 거죠. 시냅스가 화학 신호를 전기신호로 변환했다가 다시 화학 신호로 변환한다고 생각하면 될

것 같습니다.

이처럼 뇌에서 정보를 전달하는 화학적 시냅스 정보 전달 체계는 적은 에너지로도 고도의 병렬 연산을 처리할 수 있어 인공지능의 핵심 기술로 떠오르고 있습니다. 이러한 기술이 활성화된다면 기존의 폰 노이만(1903~1957) 방식의 컴퓨터의 한계를 완전히 극복할 수 있는 새로운 패턴의 소자가 등장할 수 있습니다.

기존의 컴퓨터는 일단 데이터가 입력되면 이를 순차적으로 처리합니다. 이 방식은 전력 소모가 매우 클 뿐만 아니라 패턴의 인식, 실시간으로 상황을 인식하고 판단하는 능력이 매우 떨어집니다. 정해진 과정을 따라가는 수치 계산이나 정밀하게 작성된 프로그램을 실행하는 데에는 여전히 탁월한 능력을 보여 주지만, 이미지나 소리를 처리하고 이해하는 데는 그 한계가 명확한 거죠.

이를테면 2012년 구글이 공개한 얼굴 인식 소프트웨어는 고양이 얼굴을 인식하는 데 1만 6,000개나 되는 프로세서를 필요로 했습니다. 이보다 복잡한 이미지를 인식하는 데 필요한 프로세서의 수는 기하급수적으로 증가할 수밖에 없죠. 이런 방식으로는 인공지능을 실용화하는 것이 불가능합니다.

과학자들은 이러한 문제에 대한 돌파구가 인간의 '뇌'에 있다고 생각했습니다. 뇌의 뉴런이 스파이크 형태의 신호를 주고받고 시냅스 연결 강도를 조절해 정보를 처리하는 구조가 반도체와 비슷하다는 것을 발견했죠. 순차 처리 방식을 따르던 컴퓨터가 병렬로 동시에 동작하는

가지돌기

신경세포체

핵

신경돌기

신경돌기 말단

신호 전달 방향

시냅스

뉴런들을 연결하여 신호를 전달하는 시냅스

인간의 뇌를 모방해 기억과 연산을 대량으로 같이 진행할 수 있도록 하는 뉴로모픽 기술은 이렇게 탄생한 겁니다.

뉴로모픽칩은 기존 컴퓨터가 직관적으로 인식하기 어려운 비정형적인 문자·이미지·음성·영상 등을 효율적으로 처리할 수 있습니다. 인공신경망 반도체 소자를 개발하고 이를 뉴로모픽칩으로까지 발전시킬 경우, 궁극적으로 메모리 반도체의 기능과 함께 시스템 반도체의 연산능력까지 갖춘 신개념 컴퓨팅 시스템을 창출하게 됩니다. 뉴로모픽칩이 완성되면 미래 인공지능은 밥 한 그릇 정도의 적은 에너지원으로도 사람의 뇌처럼 기억과 연산을 동시에 처리하는 초저전력 고성능을 구

현할 겁니다.

이와 같은 미래형 AI를 SNN(Spiking Neural Network)이라고 부릅니다. SNN은 기존의 심층 신경망 DNN(Deep Neural Network)에 비해 에너지 효율이 현저히 높다는 것이 입증되었습니다. DNN은 입력층과 출력층 사이 여러 개의 은닉층들로 이뤄진 인공신경망으로, 매우 복잡한 비선형 관계들을 모델링하는 인공지능의 핵심 기술이었지만 이제는 SNN으로 대체된 거죠.

그러나 지난 수십 년간 전 세계 학자들이 인간 뇌의 능력을 모방하는 컴퓨터 시스템 개발에 매진해 왔지만, 뉴로모픽칩은 갈 길이 아직 멀다는 것이 학계의 공통된 의견입니다. 현재 기술 수준으로는 인간 두뇌의 5% 정도만 모방할 수 있죠. 또한 현재 설계 방식으로는 트랜지스터의 수가 매우 많아야 하기 때문에 고집적 반도체 칩을 실현해야 합니다. 당연히 이에 따르는 전력 소모도 크게 증가하겠죠. 따라서 수십 개의 트랜지스터를 단 한 개의 소자로 대신하는 혁신적인 기술이 필요합니다. 현재 미국과 유럽을 중심으로 집적회로의 총면적은 줄이고 메모리 셀의 개수는 늘리는 고집적 신경망 모방 회로 및 하드웨어 구조 연구가 진행되고 있습니다.

예컨대 IBM은 2014년 S램 기술을 활용해 인간의 뇌를 모방한 트루노스칩을 개발했습니다. 미국 방위고등연구계획국(DARPA)의 시냅스 프로젝트의 일환이었지만 확장성에 한계가 있어 현재는 연구가 중단됐죠. 인텔은 2017년 '로이히Loihi'라는 이름의 테스트용 뉴로모픽칩을 공

개했습니다. 이 칩은 128개의 컴퓨팅 코어로 구성되어 있으며, 각 코어에는 1,024개의 인공 뉴런을 갖추고 있었죠(이는 바닷가재의 뇌보다 조금 더 복잡한 수준이라고 합니다). 여기서 뉴런은 인간의 뇌와 비슷하게 각 코어(핵심 연산장치)를 연결하는 구조를 말합니다. 하지만 이 칩 역시 전력 소모가 매우 커서 스마트 기기에 탑재해 사용하기는 불가능했습니다. 그러나 인텔은 2021년 100만 개의 뉴런이 탑재되어 처리 속도가 10배가량 높아진 2세대 로이히, 즉 로이히 2를 개발함으로써 지속적인 발전 가능성을 보여 주고 있습니다.

이와 같이 인공지능 기술이 하루가 다르게 발전하고 있기 때문에 결국 뉴로모픽은 인간과 인공지능의 간극을 바짝 좁혀 더욱 정교해진 기술을 실현할 수 있을 겁니다. 말하지 않아도 내 생각을 읽는 인공지능 스피커, 의사 수준으로 진단을 내리는 인공지능 로봇, 사람의 개입이 완전히 필요 없는 자율주행차처럼 말이죠.

완전히 새로운 변수를 찾아서

마지막으로 지금까지 인간이 발견하지 못한 새로운 변수(혹은 물리량)를 찾는 문제가 있습니다. 이는 앞서 이야기했듯이 기존의 이론 체계를 탈피하여 완전히 새로운 접근법으로 우주를 이해할 수 있는가와 관련됩니다. 더 나아가 물리학이 우주를 이해하는 방식 자체를 바꿀 수도

3장. 미래: 인류 생존을 걸머지다

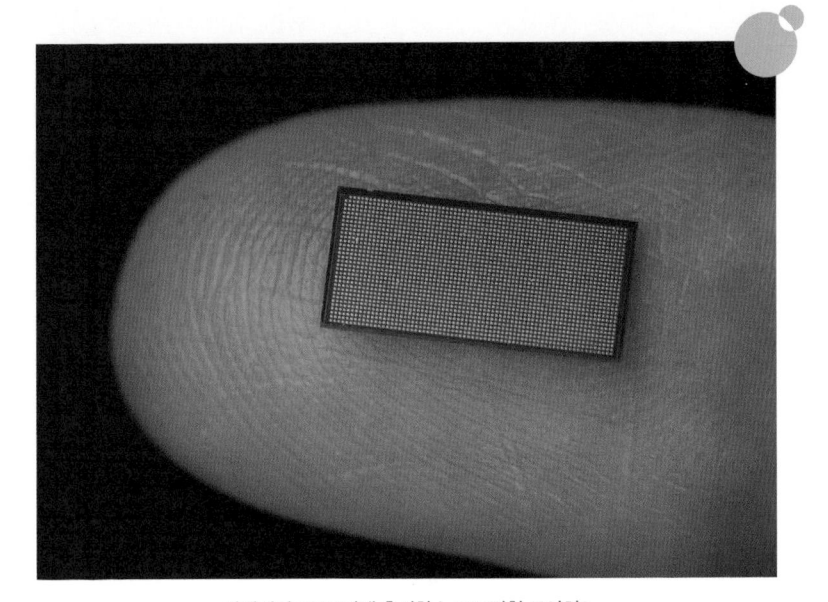

인텔에서 2021년에 출시한 뉴로모픽칩 로이히2

있는 문제죠.

앞에서 물리학이 형성되는 과정에서 설명했듯이 본래 물리학 연구는 주로 어떤 현상을 관측하고, 그를 설명하는 이론을 만든 후, 그를 기반으로 연관된 다른 현상들을 예측함으로써 일반화하는 과정을 통해 수행되어 왔습니다. 물리학에서 무언가를 '이해'했다는 것은, 그것과 관련된 다양한 현상들을 간단한 원리에 따라 통일적으로 설명할 수 있어야 한다는 뜻입니다.

이를테면 손에 잡고 있던 돌멩이를 놓을 때 지구의 중력 때문에 돌멩이가 낙하한다는 사실은, 지구 중력권 안에 있는 모든 물체는 지구 중심 방향으로 낙하한다는 사실로 확장됩니다. 그리고 달이 지구를 공전

하면서 지구로 낙하하고 있다는 중력법칙으로 정립되죠. 뉴턴은 이와 같은 '보편 중력'의 법칙을 분석과 종합이라는 방식으로 발견했고요.

같은 방식으로 패러데이와 맥스웰은 전자기장이라는 개념을 정립하여 모든 전자기 현상을 통합적으로 설명했습니다. 또한 아인슈타인은 시간과 공간을 통합한 '시공간spacetime'이라는 개념을 도입하여 중력장이 시공간의 뒤틀림이라는 것을 이해했고, 이를 통해 얻어진 중력장 방정식은 결국 우주의 과거, 현재, 그리고 미래에 대한 통찰을 보여 주었습니다.

하지만 인공지능의 등장은 이러한 물리학의 기본 방식을 탈피하고도 새로운 사실을 발견할 수 있음을 보여 주고 있습니다. 사실 생각해보면 우주는 우리가 정한 특정한 매뉴얼을 따라 작동하지는 않을 겁니다. 그리고 반드시 하나의 관계식만이 현상을 설명한다는 구속 조건도 없겠죠. 다시 말해 같은 문제를 해결하기 위한 다른 물리적 변수를 찾을 수도 있습니다. 이렇게 질문해 볼까요?

만약 우리 말고도 지적인 외계인이 존재한다면, 그들도 우리와 같은 물리법칙을 발견했을까? 다시 말해 그들도 우리가 사용한 물리량들을 사용하여 우주를 묘사했을까?

지금까지 우리가 발견한 물리법칙이 궁극적으로 설명하고자 하는 바는 가상의 외계인들이 설명하고자 하는 바와 지향점이 같겠지만, 그

들도 우리와 똑같은 변수와 방정식을 사용할까라는 물음에는 선뜻 대답하기 어려울 것 같네요. 어쩌면 현재 물리학을 비롯한 자연과학에서 해결하지 못하는 난제들이 있는 건 잘못된 변수 세트를 사용하기 때문은 아닌지, 그리고 지금까지 인류가 만들어 온 틀 안에서만 난제들을 해결하려고 하기 때문에 해결책이 보이지 않는 것은 아닌지 진지한 물음이 제기되고 있는 겁니다. 물리학 난제들의 경우, 현상을 설명할 적절한 변수들을 찾아내기 어려웠기 때문에 해결되지 못했다는 주장이죠.

예를 들어 설명해 보겠습니다. 갈릴레이나 뉴턴 이전에도 수천 년 동안 사람들은 빠르게 또는 느리게 움직이는 물체의 운동에 대해 알고 있었습니다. 즉, 빠르다 또는 느리다의 개념을 인식하고 있었던 거죠. 그리고 빨라지는 정도가 더 심해지는지, 아니면 더 약해지는지에 대한 개념도 이해하고 있었을 겁니다. 하지만 그토록 오랜 세월 동안 물체의 운동을 정확하게 기술하지 못했던 이유는 속도와 가속도라는 정량적인 변수에 대한 개념이 없었기 때문입니다. 뉴턴은 물체의 운동을 설명하기 위해서는 정량화될 수 있는 변수들이 존재해야 하고 그래야 비로소 그 관계식을 정의할 수 있다고 생각했던 거죠. $F = ma$로 대변되는 그의 공식은 정량화할 수 있는 힘, 즉 질량과 가속도라는 변수들을 정의한 후에 그 관계식을 찾아낸 결과물로, 거시적인 물체의 운동을 지배하는 방정식으로 여전히 사용되고 있습니다.

아인슈타인의 가장 유명한 관계식 $E = mc^2$ 또한 측정이 가능한 양들, 즉 에너지, 질량, 빛의 속력 사이의 관계를 보여 주죠. 이 관계식을

통해 우리는 질량과 에너지가 등가라는 우주의 섭리를 이해하게 되었고 이를 통해 원자력 에너지를 활용하여 문명의 발전을 이룩해 왔습니다.

양자역학에서 물질의 이중성을 나타내는 $p = \frac{h}{\lambda}$ 라는 식은 입자성을 나타내는 변수인 운동량 p와 파동성을 나타내는 변수인 파장 λ의 명확한 관계를 보여 주는데(h는 플랑크 상수), 슈뢰딩거는 이 식을 기반으로 양자역학의 근간을 이루는 방정식을 개발하죠.

열역학 분야도 마찬가지입니다. 온도와 압력, 그리고 부피와 같은 변수들은 열역학의 법칙이 공식화되기 위해 반드시 명확하게 정의되어야 할 변수들이죠. 일반적인 에너지보존법칙을 나타내는 열역학 제1법칙에 따르면, 기체가 받은 열에너지(열량)는 기체의 내부에너지의 변화량과 기체가 한 일의 합으로 표현됩니다. 이때 내부에너지는 기체의 온도에 의해 결정되고 일은 압력과 부피의 곱으로 표현되죠. 이렇듯 열역학을 이루는 가장 기본적인 법칙이 온도와 압력, 그리고 부피에 의해 기술된다는 것은 이 세 변수가 열역학의 근간을 이루는 물리량이라는 뜻입니다.

정리하면, 물리학은 측정이 가능한 변수(물리량)들 사이의 관계식을 얻음으로써 보편적인 법칙을 이끌어 내는 방식으로 우주를 이해해 왔다고 볼 수 있습니다. 따라서 인공지능이 인간이 지금껏 발견하지 못한 새로운 변수들을 찾아내어 물리 현상을 설명할 수 있다면, 우리는 우주의 내적 작용에 대한 새로운 통찰력을 얻어 또 다른 과학적 발견을 이끌어 낼 수 있겠죠.

'이해' 없이도 결론을 도출해 낼 수 있다면

2022년 콜롬비아대학에서 개발된 인공지능은 이러한 가능성을 보여 주었습니다.◆ 이 대학의 로봇공학자들은 원시 비디오 데이터를 검토하고 진자의 흔들림에서 관찰된 물리 역학을 설명하는 최소한의 기본 변수 세트를 찾아내는 인공지능 프로그램를 개발했습니다. 중요한 건 그들의 프로그램에 어떠한 물리적 지식, 즉 뉴턴역학적 방법론이 탑재되지 않았다는 점이죠.

이를 테스트하기 위해, 연구 팀은 먼저 그들이 이미 답을 알고 있는 이중 진자 운동의 기본 영상을 AI에게 보여 주었습니다. 뉴턴역학에 따르면 이중 진자는 정확히 네 가지 상태 변수들, 즉 두 팔 각각의 각도와 회전속도로 기술할 수 있습니다. 따라서 과연 AI가 이러한 역할을 하는 변수들을 아무런 물리적 배경 없이 찾아낼 수 있는가가 연구의 초점이었죠. 몇 시간 동안 영상을 바라본 후, AI는 시스템의 변수 수가 4.7개라는 답을 제시합니다. 이 답이 정확히 4개는 아니지만 물리학이나 기하학에 대한 정보가 전혀 없는, 단지 이중 진자가 흔들리는 영상으로부터 그를 설명하는 변수를 뽑아냈다는 것은 대단한 의미를 갖습니다.

더 나아가 연구 팀은 AI가 식별한 변수를 시각화하여 물리적 의미를 부여하려고 시도했는데, 이는 프로그램이 인간에게 직관적인 언어

◆   Boyuan Chen et al., "Automated discovery of fundamental variables hidden in experimental data", *Nature Computational Science* 2, 433-442(2022).

로 변수를 묘사하지 않기 때문에 매우 어려운 작업이었습니다. 하지만 연구자들은 생각할 수 있는 모든 변수, 즉 각도 및 선형 속도, 운동에너지 및 위치에너지 등, 다양한 조합과 다른 변수들을 연관시키려는 시도 끝에 결국 이 변수들 중 두 개가 각 진자 팔의 각도와 연관되어 있다는 사실을 발견하죠.

물론 아직까지는 AI가 완벽한 변수 세트를 제공하지 못하고 있고 AI가 말하고자 하는 바를 인간이 이해하는 데에도 시간이 걸리겠지만, AI는 서로 다른 물리적 시스템에 대한 해석의 틀을 지속적으로 제공하고 있습니다.

또한 2021년 프린스턴대학교의 프린스턴 플라스마 물리연구소(PPPL)에서는 과거 데이터를 이용해서, 이론과 법칙을 통한 예측보다 더 정확한 예측을 하는 인공지능을 개발했다고 발표했습니다. 이 연구소에서는 수성, 금성, 지구, 화성, 목성, 왜성 세레스의 궤도를 관측한 데이터를 학습시킨 알고리즘과 추가 프로그램 및 서빙Serving 알고리즘을 사용하여, 뉴턴의 중력 법칙을 적용하지 않고도 태양계 다른 행성들의 궤도를 정확하게 예측했습니다.◆ 인공지능이 아주 적은 수의 훈련 사례로 행성 운동 법칙을 학습했다는 것인데, 이는 알고리즘 코드가 스스로 물리법칙을 학습하는 것과 다를 바 없습니다.

일반적으로 과학자들은 물리적 세계가 어떻게 움직이는지에 대한

◆ Hong Qin, Machine learning and serving of discrete field theories, *Scientific Reports* 10, 19329 (2020).

3장. 미래: 인류 생존을 걸머지다

중요한 개념을 고안하고 그 틀 안에서 데이터의 의미를 이해하지만, 인공지능은 데이터 포인트 컬렉션, 즉 데이터 속의 중요한 의미를 찾아내고 보여 주는 데이터 시각화 방법을 조립해 세계를 표현합니다. 중요한 점은 인공지능의 이와 같은 표현이 물리학자들의 개념과 합치될 수 있다는 겁니다. 이것이 어떻게 가능할까요? 인공지능이 단순히 데이터들의 조합을 통해 패턴을 발견하는 방식으로 세상을 이해하는 것은, 자연의 근원적인 원리를 기반으로 패턴을 발견하는 과학자들의 이해와 반대되는 것처럼 보이는데 말이죠.

실제로 인공지능 분야에서는 원리를 알지 않고도 결과를 도출할 수 있다는 것은 자명하므로 이 또한 '이해'의 범주에 포함될 수 있다는 주장을 하고 있습니다. 첫 장에서 언급했던 물리학자의 '이해'에 대해 다시 한번 생각해 볼 수 있는 기회인 것 같습니다. 만약 모든 과학자의 궁극적인 목표가 미래에 일어날 일을 예측하는 것이고 인공지능이 그 일을 충실히 해낼 수 있다면, 보편화된 물리법칙이 반드시 필요하지 않을 수도 있을까요? 우리가 말하는 '이해' 없이도 어떠한 결과를 도출할 수 있다면 물리법칙은 발견되지 않아도 상관없는 것일까요? 물리학을 연구하는 저에게도 대단히 중요하면서 심오한 질문이 아닐 수 없습니다.

어쨌든 이 모든 논의들은 물리학 최후의 난제인 최종이론과 생명의 기원을 과연 인공지능이 밝혀낼 수 있을 것인가라는 의문으로 귀착됩니다. 인간이 지금까지 전제하고 있었던 물리법칙의 보편성을 벗어나 독립적으로 새 변수들을 찾아내는 방식으로 말이죠. 실제로 최신 연구

들이 점점 더 인공지능을 기반으로 이루어지고 있기 때문에 앞으로 성취 가능성은 점점 높아질 겁니다.

오픈AI라는 미국 인공지능연구소에서 개발한 챗GPT는 사용자와 주고받는 대화를 통해 주어진 질문에 답하도록 설계된 언어 모델로, 인터넷 검색을 통해 스스로 학습합니다. 그러면서 다양한 형태의 창작물, 에세이, 그림, 자료 수집, 데이터 해석 등, 반복적이고 패턴화된 인간의 작업을 압도적인 능력으로 대신하여 각광받고 있습니다. 특히 과학 논문까지도 작성할 수 있는 단계에 이르러 국제 학술지에 저자로 등재될 만한 기여를 할 것으로 예상됩니다. 예컨대 반복적으로 얻어지는 연구 데이터를 분석하고 해석하는 작업을 인공지능이 수행한단 뜻이죠. 이에 《네이처》와 《사이언스》 같은 저널에서는 인공지능이 논문의 저자가 될 수 없다고 공표하기도 했는데요. 그만큼 폭발적으로 진보하는 인공지능의 수준이 이제 학술 논문의 저자 영역까지 넘보는 시기가 온 겁니다.

인공지능이 더욱 발전하여 과학의 난제들을 풀어낼 수 있다면 그것은 우리 인간의 공일까요? 아니면 인간의 수준으로서는 도저히 도달할 수 없는 난제 해결을 인공지능의 힘을 빌려 대신 이룬 셈이 될까요?

독보적인 바둑 기사로 군림해 왔던 이세돌 씨는 바둑계를 은퇴하면서, 인공지능이 특정 영역에서 인간의 능력을 뛰어넘었을 때 느낀 개인의 무력감과 허무감을 표현했습니다. 물리학의 궁극적인 목표를 성취할 때, 인공지능이 우리가 이해해 왔던 방식이 아닌 전혀 다른 접근으로

해낸다면 제가 물리학자로서 느끼는 감정이 이세돌 씨와 과연 다를지 모르겠습니다.

하지만 이러한 감정과는 별개로 결국 인공지능이 의식을 가질 수도 있다는 예상이 나오기도 합니다. 인공지능과 물리학을 연구하는 MIT의 맥스 테그마크(1967~)는 의식이라고 하는 개념이 고도의 정보처리 과정에서 파생된 것이기 때문에 인공지능이 발전하면 얼마든지 의식을 가질 수 있다고 예측합니다. 물론 이 부분은 논쟁의 대상이고 쉽게 예단할 수는 없습니다. 2020년 노벨 물리학상 수상자인 로저 펜로즈는 인간이 할 수 있는 이해라는 과정은 인공지능으로 재현할 수 없는 또 다른 도약 과정이라고 역설하기도 했으니까요.

의식을 가진 인공지능, 공상과학 소설이나 영화에서만 보았던 상상의 세계가 현실로 그려질 날이 올까요?

이해 저 너머

양자 세계를 만지다

양자 중첩과 양자 얽힘

20세기 초에 태동하여 성립된 양자역학은 단일 원자에 존재하는 전자나 빛의 최소 단위인 광자의 거동 등 양자量子 현상을 다루는 학문입니다. 물리학과 학생들은 전공 필수로 배우는 분야이므로 전공자라면 누구나 양자역학에 대해서 잘 알고 있죠.

하지만 양자역학을 제대로 접한 물리학도들은 또한 적잖은 충격을 받습니다. 양자 중첩의 원리, 불확정성원리, 양자 터널링, 그리고 양자 얽힘 현상 등으로 대변되는 양자역학은 우리의 기존 인식 체계에 반하는 거대한 지적 도전이기 때문이죠. 성립된 지 한 세기가 지난 지금도, 그리고 앞으로도 이 학문을 온전히 이해하기는 불가능할 겁니다. 그렇기 때문에 이러한 양자 현상을 기반으로 하는 응용 장치나 소자 개발도

현실적으로 매우 어려운 일이죠. 아무리 그래도 물리학자들은 이해해야 하는 거 아닌지 반문할지도 모르겠습니다만, 물리학자들도 양자 현상을 일단 받아들이면서 익숙해진 것이지 본질적으로 이해하는 것은 아닙니다. 이러한 어려움은 양자 중첩 및 양자 얽힘 현상과 관련해 2022년이 되어서야 노벨 물리학상이 수여되었다는 사실에서 단적으로 드러납니다. 이 현상들을 평생 연구한 미국의 존 프랜시스 클라우저, 프랑스의 알랭 아스페, 그리고 오스트리아의 안톤 차일링거가 그 주인공들입니다.

양자 얽힘 현상은 물질 사이에 존재할 수 있는 모종의 상관관계를 일컫습니다. 이 현상이 놀라운 이유는 두 물질의 거리와는 무관하게, 즉 아무리 멀리 떨어져 있더라도 존재할 수 있기 때문입니다. 이 현상이 가능하려면 우선 양자 중첩을 이해해야 하는데요. 양자 중첩이란, 관측되기 이전의 입자(예컨대 전자)는 확률적으로 존재 가능한 모든 위치에 동시에 존재하고, 서로 간섭하는 파동처럼 행동하지만 관측되는 순간 하나의 위치로 결정되면서 입자처럼 행동한다는 겁니다(이것을 파동함수가 붕괴된다고 표현합니다).

쉽게 예를 들어 보겠습니다. 일정한 양자 상태에 있는 두 입자를 생각해 봅시다. 양자 얽힘을 정확하게 이해하려면 두 입자의 두 축에 대한 (예를 들면 x축과 z축) 스핀의 불확정성원리를 논해야 하지만 이는 상당히 복잡하므로, 여기서는 색깔에 비유해 이야기하겠습니다. 즉, 두 입자 중 하나는 반드시 노란색, 나머지 하나는 반드시 파란색 상태여야만 한다

양자 중첩 및 양자 얽힘 연구로 2022년 노벨 물리학상을 공동수상한 수상자들

고 전제해 보죠. 양자 중첩이란 우리가 직접 관측하기 전에는 두 입자 중에 어느 것이 노란색이고 어느 것이 파란색인지 알 수 없다는 겁니다. 두 입자는 두 가지 색을 모두 가질 수 있는 '중첩' 상태죠. 다만 두 입자의 색은 반드시 달라야 하므로 둘 중에 어느 한 입자의 색을 관측하여 색을 특정했다면 다른 입자의 색도 자연히 알 수 있겠죠. 이것이 양자 중첩 상태에서 관측에 의해 특정한 상태로 '붕괴'되는 것과 같은 원리입니다.

자, 이제 이 두 입자를 엄청나게 멀리 떨어뜨려 놓아 보겠습니다. 입자 A는 여기에 두고 입자 B를 250만 광년 떨어져 있는 안드로메다은하의 어떤 별 근처로 가져가 보죠. 이 상황에서 A 입자의 색을 측정했더

니 노란색이 나왔습니다. 그렇다면 B 입자의 색은 파란색이 될 겁니다. 문제는 측정하기 전에 입자 A와 B는 노란색과 파란색을 가질 수 있는 중첩 상태였는데, A의 색을 측정하는 순간 순식간에 그 정보가 전달되어 B의 색이 결정되었다는 겁니다. 아인슈타인의 특수상대성이론에 따르면, 정보의 속도가 광속을 넘을 수 없기 때문에 B의 색이 결정되기 위해서는 최소 250만 년이 걸려야 하지만, 양자 얽힘에 따르면 즉각적으로 결정된 거죠. 이는 다른 말로 하면 양자역학의 비국소성non-locality이라고도 표현할 수 있습니다.

양자 얽힘은 이와 같이 말도 안 되는 현상으로 귀결된다는 사실 때문에 극렬히 반대했던 아인슈타인과, 이를 꾸준히 방어하던 닐스 보어의 논쟁으로부터 시작됩니다. 아인슈타인은 보어를 필두로 하는 코펜하겐 해석의 기본적 원리인 양자 중첩을 격하게 반대했습니다. 두 양자 물질 상태의 중첩이 가능하다는 것을 받아들인다면, 두 물질은 서로 '얽혀' 있을 수 있다는 결론으로 귀결되었기 때문이죠. 아인슈타인은 제자 포돌스키, 로젠과 함께 이러한 양자 얽힘이 거리와 무관하게 발생한다는 것은 정보가 빛보다 빠르게 전달될 수 있다는 뜻이기 때문에 특수상대성 이론에 어긋난다고 주장합니다. 예컨대 우리은하에 있는 물질의 상태 변화가 250만 광년 떨어져 있는 안드로메다은하에 있는 물질의 상태를 결정할 수 있다는 양자 얽힘은 마치 유령Spooky과도 같은 현상이라고 칭하며 철저하게 부정하죠. 이것이 1935년 발표된 EPR(Einstein-Podolsky-Rosen) 역설입니다.

이들은 이 역설을 해결하기 위해서는 동시에 양자 상태를 결정하는 어느 시점에 '숨은 변수'가 있을 거라고 주장하면서 양자 중첩을 부정합니다. 물론 양자 얽힘을 통해서 유의미한 정보가 전달되지 않는다고 가정하면 특수상대성이론에 위배되지 않겠죠. 이는 보어가 세웠던 코펜하겐 해석을 무너뜨리기 위한 아인슈타인의 회심의 일격이었습니다. 물론 이에 대해 보어는 상보성의 원리를 기반으로 나름 방어를 펼치지만 본질적인 반론은 제시할 수 없었습니다. 정량적인 과학적 논의는 사라진 채 철학적 관점의 논박만 지속적으로 오고 있었죠.

벨의 부등식: '숨은 변수'는 존재하는가

이렇게 지리멸렬하게 이어지던 철학적 논쟁은 영국의 물리학자 존 스튜어트 벨(1928~1990)에 의해 정량적인 과학적 논의로 탈바꿈합니다. 그는 1960년 버밍엄대학교에서 박사 학위를 받은 후 유럽입자물리연구소(CERN)로 자리를 옮겨 입자가속기 설계와 입자물리 이론을 주로 연구했는데, 1964년 아인슈타인이 제안했던 '숨은 변수'의 존재 유무를 과학적으로 검증할 수 있는 사고실험을 제안합니다. 실제로 벨은 숨은 변수의 존재를 믿었으며, 이를 증명함으로써 양자 중첩의 원리가 틀렸음을 보여 주고 싶어 했습니다.

그는 두 전자가 충분히 멀어진 뒤 개별 전자의 양자 스핀을 측정할

3장. 미래: 인류 생존을 걸머지다

때 존재하는 통계적인 상관관계에 주목했습니다. 두 스핀 검지기의 상대적 방향을 변화시켜 EPR 측이 옳은지 양자역학이 옳은지를 밝힐 수 있음을 처음으로 제시한 겁니다. 사실 벨 부등식을 정확하게 이해하기 위해서는 입자의 스핀 상태와 각 축(x, y, z축)에 대한 불확정성원리 관계를 이해해야 하고, 각 축에 대해 임의의 각도로 측정 각도를 변화시킬 때 기록되는 스핀의 방향에 대한 양자역학적인 공식도 알아야 합니다. 하지만 여기서는 벨이 가정한 상황을 살펴보면서 간단히 이해해 보도록 하죠.

벨은 우선 총 스핀이 0인 입자가 스핀-업과 스핀-다운을 갖는 전자와 양전자로 붕괴하는 상황을 상상합니다. 두 입자는 각각 세 개의 스핀 감지기를 통해 측정되는데, 각각 A, B, C라고 이름을 붙여 보죠. 측정 A는 z축 방향으로 스핀을 측정하는 행위를 말하며, 측정 B는 z축 방향에 대해 θ만큼 틀어서, 측정 C는 z축 방향에 대해 2θ만큼 틀어서 스핀을 측정하는 행위로 정의합니다.

벨은 이 상황에서 각각의 경우에 측정될 수 있는 스핀의 통계적인 확률을 계산하여 수치화합니다. 다시 말해 스핀 상태가 서로 얽혀 있는 두 전자를 가정하고, 각 측정에 대한 확률값이 어느 정도 서로 상관이 있는지를 수치화한 상관함수를 고안하여 부등식을 세운 것이죠.

이는 개개의 입자성에서 보이는 얽힘을 단일한 입자의 특성으로 파악하는 것은 불가능하므로 수많은 입자들의 거동을 통계적으로 측정하여 전체적인 상관관계를 따져 보자는 획기적인 아이디어였습니다. 이

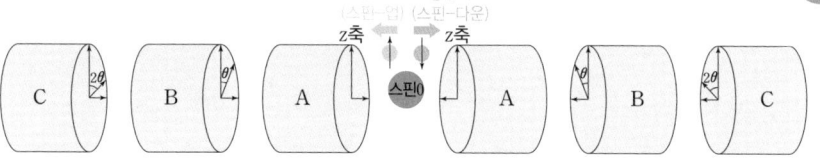

숨은 변수의 존재를 증명하려 했던 벨의 사고실험

때 아인슈타인이 주장한 대로 숨은 변수가 존재한다면, 즉 EPR 역설이 맞다면, 특정한 부등식을 만족해야 함을 증명해 보이죠. 이 부등식을 벨 부등식이라고 합니다. 숨은 변수가 있는 경우, 많은 수의 측정 결과 간의 상관관계가 특정 값을 초과하지 않을 것임을 나타내는 부등식입니다.◆ 양자 얽힘에 대한 사변적 논의를 검증할 수 있는 과학적 기준을 최초로 제시한 겁니다.

　과학자들은 그의 부등식이 타당하다고 인정했고 1960년대 후반부터 실험물리학자들은 벨 부등식의 타당성을 검증하기 위한 실험을 경쟁적으로 수행하기 시작했습니다. 그리고 그 첫 시작을 2022년 노벨물리학상 공동수상자 중 한 명인 클라우저가 끊었죠. 하지만 벨의 예상과는 달리 그의 실험 결과는 벨 부등식이 만족하지 않음을 보여 주었고 이는 양자 얽힘이 맞다는 것을 역설적으로 증명하는 결과를 낳습니다. 이후 클라우저의 실험에서 몇 가지 문제점을 발견한 아스페는 더욱 정교

◆　　Bell, J. S., "On the Einstein Podolsky Rosen Paradox", *Physics* 1(3), 195-200(1964).

하면서 엄밀한 실험을 고안합니다. 그는 칼슘 원자에 레이저를 쪼여 같은(양자역학적으로 동일한) 광자를 만들어 낸 다음, 각각의 광자를 반대 방향에 위치한 각 두 개의 편광 필터에 통과시켜 감지기에서 서로 다른 각도를 가지는 네 개의 편광을 측정하는 실험을 수행합니다. 벨이 전자를 가정하여 부등식을 세웠다면, 아스페는 전자가 아닌 광자로 실험을 수행한 겁니다. 광자는 전자와는 다른 입자지만(전자는 페르미온 입자, 광자는 게이지 보손 입자), 양자역학적인 스핀 상태는 전자와 마찬가지로 두 개의 다른 상태를 갖는 데다가, 전하가 없어 다른 전자기적인 상호작용도 없기 때문에 실험을 하기가 훨씬 쉽습니다.

아스페의 실험 결과 역시 벨 부등식을 위반함을 보이며 양자 얽힘이 맞음을 증명했습니다. 아스페는 실험에서 감지기가 동일한 축에 대한 스핀을 측정하도록 똑같이 세팅한다면 두 광자의 스핀은 항상 동일한 값을 나타낼 거라고 가정했습니다. 그는 벨이 제안한 대로 두 감지기의 세팅 상태를 무작위로 바꾸면서 실험을 진행했는데, 만일 EPR 주장대로 숨은 변수가 작용한다면 벨의 부등식에 따라 두 대의 감지기가 동일한 스핀값을 나타내는 경우는 전체 시행 횟수의 50%를 초과해야 했습니다. 하지만 아스페의 실험에서 그 경우는 정확히 전체의 50%로 나타났죠. 벨의 부등식을 만족하지 못한 겁니다.

이후에도 많은 과학자들이 그동안의 여러 실험의 약점을 보완하며 지속적으로 실험을 수행했는데, 그 결과 또한 다르지 않았죠. 현재까지도 이와 관련된 실험이 수행된다고 하니 과학자들의 열정이 놀랍습니

다. 하지만 아인슈타인의 숨은 변수 이론이 맞다는 실험 결과는 지금까지 없었습니다. 노벨위원회도 이 정도면 양자 얽힘이 맞다고 인정을 한 거죠. 즉, 양자 상태를 결정하는 숨은 변수는 없으며, 양자역학을 부정하기 위해서 만들어진 벨 부등식은 역설적으로 양자 얽힘을 증명해 내는 결정적 도구가 된 겁니다.

이와 더불어 차일링거가 이끄는 연구 팀은 1999년 거시적인 세계에서 양자 현상을 밝혀 내는 실험에 성공하는데 이 의미에 대해서는 뒤에서 자세히 설명하겠습니다. 중요한 점은 이들 노벨상 수상자를 포함한 많은 물리학자들이 벨 부등식을 검증하는 수많은 실험을 고안하며 결국 양자 중첩 및 양자 얽힘이 맞았음을 증명해 낸 과정에서 여러 새로운 양자 정보 기술 및 새로운 물리학 분야가 탄생했다는 겁니다.

트랜지스터는 어디까지 작아질 수 있을까

역사적으로 보면 양자역학이 성립된 1930년대 이후 등장한 고체물리학(현재의 응집물질물리학)은 수많은 원자로 구성된 고체라는 물질에서 거동하는 전자의 움직을 성공적으로 기술하며, 20세기 중반 3차 산업혁명을 이끌었던 반도체 기술을 비약적으로 발전시키는 원동력이 됩니다. 실제로 반도체는 양자역학적으로만 설명이 가능합니다. 이를 통해 개발된 트랜지스터는 전자를 제어함으로써 동작하는 최초의 전자소

자로서, 이후 컴퓨터의 개발로 이어지며 전자공학 혁명을 이끌게 되죠. 이때 탄생한 전자공학은 이후 급속히 발전하면서 인류 문명을 선도해 왔습니다.

따라서 현재 우리가 사용하고 있는 모든 전자 기기는 양자역학이 발전하면서 정립된 고체물리학에 기반하고 있습니다. 보통 고체라 하면 아보가드로수만큼의 원자가 몰려 있는 물질을 말하는데, 이러한 상황에서는 개개의 원자 내 전자의 거동을 논하는 본래의 양자역학과는 매우 다른 현상이 생겨납니다. 물질 내에서 전자의 거동은 에너지띠 개념으로 설명됩니다. 수소처럼 작은 원자에 있는 전자는 에너지준위가 띄엄띄엄 존재하지만, 엄청난 수의 원자들로 구성된 물질로 확장해 보면 얘기가 달라집니다. 이때는 전자들이 특정 에너지 영역들에서만 존재할 수 있어서, 그 영역들 사이의 간격, 즉 에너지띠간격에 해당하는 에너지는 가질 수 없다는 결론이 나오죠.

도체는 이 띠간격이 존재하지 않아 전자들이 모든 에너지 영역에서 자유롭게 움직일 수 있는 물질(예컨대 금속)인 반면, 부도체는 이 띠간격이 매우 커서 웬만한 에너지로는 전자를 움직이게 할 수 없는 물질(나무나 고무 등)입니다.

그리고 띠간격이 존재하되 너무 크지 않아서 평상시는 부도체이지만 적당한 조건을 주면 도체처럼 행동하는 특별한 물질이 있는데 이를 반도체라고 하죠. 반도체는 조건에 따라 도체와 부도체가 될 수 있기 때문에 전자 기기에 매우 중요한 역할을 합니다. 대표적으로 컴퓨터가 반

도체 세 개로 구성된 트랜지스터를 기반으로 하고 있습니다. 컴퓨터의 계산 원리가 이진법이라는 것은 모두 알고 있을 겁니다. 즉, 반도체는 조건에 따라서 도체가 될 수도, 부도체가 될 수도 있기 때문에 각각의 경우를 0과 1로 인식하는 거죠.

따라서 컴퓨터는 단순하게 생각하면 자신에게 주어진 명령을 모두 이진수로 바꾸는 기계라고 할 수 있습니다. 즉, 얼마만큼 빨리 이진수로 바꿔서 명령을 실행하느냐에 따라 그 연산 속도가 정해지는 거죠. 트랜지스터는 컴퓨터의 중앙처리장치인 CPU를 구성하는데, 현재까지 트랜지스터의 크기는 5nm(10억분의 5미터)까지 줄어들었습니다. 트랜지스터의 크기를 줄이는 것은 현재 반도체 산업에서 가장 중요한 목표입니다. 크기가 작아질수록 CPU에 들어가는 개수가 많아지고 이를 통해 연산 속도를 증가시킬 수 있기 때문이죠.

현재는 3nm 트랜지스터를 개발하는 단계에 이르렀는데, 문제는 트랜지스터를 무한히 작게 만들 수는 없다는 겁니다. 현실적으로 1nm 이하가 되면 양자역학적인 불확정성원리가 지배하는 영역으로 들어가기 때문에 트랜지스터 작동 자체가 불가능합니다. 이는 기술의 발전과는 전혀 상관없이, 미시세계를 지배하는 양자역학의 원리 때문에 일어나는 문제인 거죠. 이렇듯 트랜지스터의 크기로 발전이 담보되는 현재의 컴퓨터 체계는 그 한계가 명확하기 때문에 우리는 기존의 컴퓨터와는 전혀 다른 원리로 작동하는 컴퓨터를 개발해야 한다는 결론에 다다릅니다. 대표적인 예가 바로 양자컴퓨터죠.

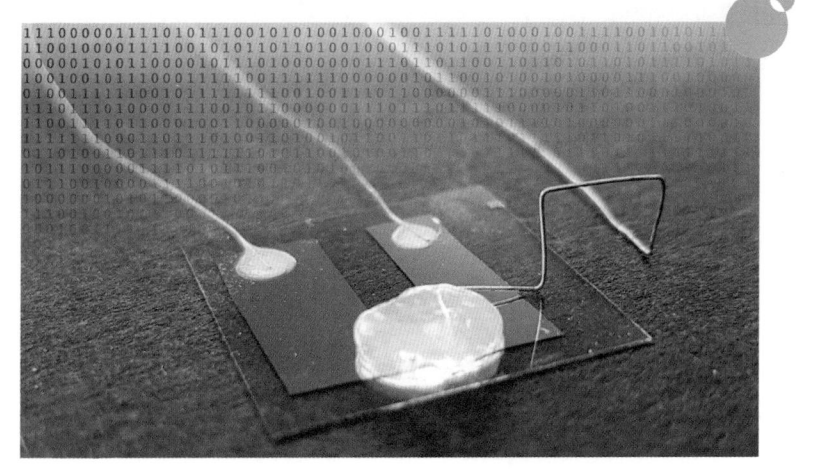

전 세계에서 가장 작은 단일 원자 트랜지스터

관찰하는 순간 붕괴되는 '상태'

양자컴퓨터의 작동 원리를 살짝 맛보기 위해, 앞서 언급했던 양자 중첩 현상에 대한 전자의 이중 슬릿 실험을 이야기해 보겠습니다. 이 실험은 책의 맨 처음에 언급한 토머스 영의 이중 슬릿 실험과 같은 원리입니다. 단지 다른 점이 있다면 빛 대신 전자를 이중 슬릿에 보내는 거죠. 전자電子라는 말에서 알 수 있듯이, 전자는 입자입니다. 아니, 20세기 초반만 해도 입자로 인식되었죠. 토머스 영이 빛이 입자일 경우 예상한 무늬가 두 줄이었듯이, 전자도 입자이기 때문에 이중 슬릿을 통과하면 당연히 두 줄 무늬가 나와야 합니다. 그런데 이상하게도 전자라는 입자를

보냈는데 마치 파동을 보는 듯이 간섭무늬 패턴이 관찰되었습니다. 전자의 정체가 입자가 아니라 파동이었던 걸까요? 아니면 전자라는 입자의 다발들이 슬릿을 통과하며 서로 영향을 주는 것일까요?

그래서 물리학자들은 전자가 슬릿을 통과할 때 무슨 일이 벌어지는지 알아보기 위해 우선은 이중 슬릿에 쪼여 주는 전자의 수를 줄여 거의한 번에 한 개의 전자만 통과시켜 보았습니다. 낱개의 전자가 스스로 상호작용을 하며(또는 전자가 두 개로 갈라져 상호작용을 하며) 간섭무늬 패턴을 보여 줄 리는 없으니까요. 그런데 놀랍게도 낱개의 전자가 쌓여 가며 스크린에 남긴 흔적은 두 줄이 아니라 여전히 간섭무늬였습니다. 물리학자들은 더욱 혼란에 빠졌죠. 그래서 더 이상 참지 못하고 아예 직접 관찰하기로 했습니다. 전자가 슬릿을 통과하는 순간을 직접 눈으로 보며무슨 일이 일어나는지 알아내기로 한 거죠.

물리학자들은 과연 알아냈을까요? 안타깝게도 그러지 못했습니다. 대신 또다시 충격적인 결과를 얻게 됩니다. 관찰을 하는 순간에는 스크린에 두 줄 무늬가 나타난 거죠. 다시 말해 관찰이라는 행위 자체가 현상에 영향을 미치기 때문에, 관찰하지 않았을 때 나타나는 현상을 실험적으로 알아낼 수 없다는 결론이었습니다. 미시세계에서는 누군가가물리적 시스템 안에서 일어나는 현상을 관찰하려 하는 순간, 그 시스템이 전혀 다른 방식으로 거동하니까요.

이러한 관점에서 볼 때 위 실험에서의 전자는 두 슬릿을 모두 통과하는 상태가 중첩되어 있다고 볼 수 있습니다. 그런데 그러한 전자의 상

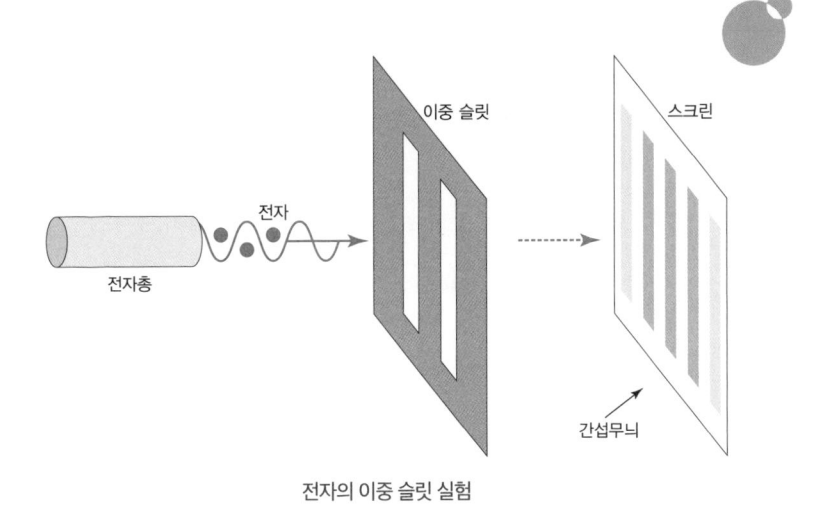

전자의 이중 슬릿 실험

태를 관찰하려는 순간, 중첩 상태는 붕괴되고 한 개의 슬릿을 통과하는 현상만 드러날 뿐이죠. 양자역학을 처음 배울 때 저를 포함해 거의 대부분의 학생들이 이 부분에서 멍해집니다. "하나의 전자를 나타내는 상태가 각각의 슬릿을 통과할 수 있는 상태들의 중첩"이라는 말을 받아들일 준비가 되어 있지 않으니까요. 따라서 양자 현상을 이해하기 위해서는 전자의 '상태state'가 무엇을 의미하는지 파악하는 일이 가장 중요합니다.

일반적으로 고전역학에서 주로 다루는 대상은 물체의 움직임, 특히 물체의 시간에 따른 궤적입니다. 그리고 그 궤적을 만드는 원인이 되는 '힘'은 뉴턴의 운동방정식을 통해 알아낼 수 있습니다. 뉴턴의 방정식을 풀면 물체의 상태를 나타내는 위치, 속도, 가속도에 대한 정확한 정보를 구할 수 있고 그 정보들의 변화 과정을 힘이라는 원인을 통해 추적할 수 있습니다. 하지만 미시세계를 설명하는 양자역학에서는 이러한 '힘'과

같은 물리량이나 원인 및 결과 같은 인과론적 개념은 그 고전적 의미를 상실합니다.

양자역학에서 다루는 대상은 '상태'라고 불리는 추상화된 개념으로, 파동함수로 표현됩니다. 파동함수는 주어진 입자의 위치, 운동량, 에너지, 각운동량 등의 다양한 정보들을 담고 있기 때문에 이것을 정확하게 기술하는 것이 양자역학에서 하는 주된 일이라고 할 수 있죠. 1926년 에르빈 슈뢰딩거는 파동함수를 계산할 수 있는 소위 '슈뢰딩거방정식'을 개발하여 양자역학의 발전에 큰 기여를 했습니다. 그의 방정식은 파동함수에 대한 미분방정식으로 되어 있어서 이를 잘 풀면 파동함수의 수학적인 형태를 알 수 있고, 그러면 앞서 말한 전자의 상태를 알 수 있게 되는 거죠.

문제는 슈뢰딩거방정식을 풀어서 얻어 낸 파동함수의 형태를 물리적으로 해석하는 데 있었습니다. 파동함수가 다양한 정보를 담고 있긴 하지만 미시 입자의 상태를 나타내는 추상화된 양이기 때문에 그에 대한 현상론적 해석이 반드시 필요했거든요. 이를테면 파동함수가 어떤 물리적인 실체를 나타내는지, 측정이 어떠한 방식으로 양자 상태를 변화시키는지는 파동함수의 해석에 따라 설명이 다릅니다. 같은 수학적 구조를 갖는 파동함수라고 해도 어떻게 해석하느냐에 따라 물리적 현상을 다르게 바라볼 수 있는 거죠.

파동함수를 해석하는 방식은 여러 가지가 있는데 그중에서 현재 표준으로 받아들여지고 있는 해석이 바로 닐스 보어와 하이젠베르크를

슈뢰딩거방정식이 새겨져 있는 슈뢰딩거와 배우자의 묘지

필두로 한 코펜하겐 해석입니다. 이 해석에 따르면 미시적인 대상, 즉 파동함수는 그 자체로는 물리적 의미가 없고 다만 그의 제곱값이 입자가 발견될 확률을 나타냅니다. 또한 파동함수는 관측하기 전에는 가능한 모든 상태의 중첩으로 표현되지만 일단 관측이라는 행위가 일어나면 하나의 상태로 귀결된다고 해석합니다. 이를 파동함수의 붕괴라고 했죠.

　이중 슬릿 실험을 예를 든다면, 동일한 두 슬릿을 각각 a와 b라고 할 때 관찰하기 전의 전자의 상태(즉, 파동함수, ψ)는 다음과 같은 식으로

표현됩니다.

$$\psi_{\text{관찰 전}} = \frac{1}{\sqrt{2}} \times \left(a \, \text{통과} \right) + \frac{1}{\sqrt{2}} \times \left(b \, \text{통과} \right)$$

여기서 계수 $\sqrt{2}$분의 1은 그 제곱이 0.5가 되죠. 따라서 이중 슬릿 실험에서 전자의 상태는 a와 b를 통과하는 확률이 각각 50%인 상태가 중첩되어 있다는 뜻입니다. 이것이 바로 양자 중첩 상태죠. 전자의 상태는 양립할 수 없는 듯이 보이는 두 가지 상태의 중첩으로 기술될 수 있다는 겁니다.

이때 위의 파동함수는 측정이라는 행위(관찰)가 일어나면 두 가지 상태 중에 한 가지 상태로 붕괴합니다. 즉, 우리가 슬릿을 통과하는 전자를 관찰하려고 하는 순간, 전자의 파동함수는 둘 중 하나의 상태로 완전히 전환되며, 따라서 두 줄의 무늬가 나타나게 되는 겁니다. 이를 파동함수의 붕괴라고 하며, 다음과 같은 식으로 표현됩니다.

$$\psi_{\text{관찰 후}} = 1 \times \left(a \, \text{통과} \right)$$

$$\psi_{\text{관찰 후}} = 1 \times \left(b \, \text{통과} \right)$$

이는 a와 b를 통과하는 상태의 확률이 각각 100%라는 것을 의미합니다.

우주는 모든 것을 '관찰'한다

잘 이해가 되지 않는다고요? 괜찮습니다. 20세기 위대한 물리학자 리처드 파인만조차 '양자역학을 이해한 사람은 아무도 없다'고 말했다는 것을 강조하고 싶네요. 그래도 물리학자들은 이해한 것이 아니냐고요? 이해했다기보다는 받아들였다는 표현이 더 어울릴 것 같습니다. 양자역학은 이해할 수 있는 학문이 아닙니다. 인간은 기본적으로 고전물리학적인 사고 체계, 즉 관측되고 인지될 수 있는 물리량을 기술함으로써 명확한 정보를 얻어 낼 수 있는 이론 체계에 익숙합니다. 왜냐하면 인간의 직관적 사고 회로는 수만 년에 걸쳐 거시적인 세계에서 일어나는 운동 패턴만을 경험하고 이해해 왔기 때문입니다.

따라서 미시세계에서 일어나는 현상을 직관으로 이해한다는 것은 불가능합니다. 엄밀한 수학적 방법론을 통해 현상을 묘사함으로써 그로부터 얻어진 결과를 받아들이는 것밖에는 방법이 없습니다. 저를 비롯한 물리학자들은 그것을 받아들인 것뿐이죠. 끈이론의 창시자이자 이론물리학의 대가인 레너드 서스킨드는 '양자역학을 이해하기 위해서는 인간의 신경망을 재배열해야 한다'고 선언합니다. 지금의 상황에서 양자역학을 직관적으로 이해하는 것은 불가능하다는 말과 같죠.

양자 중첩 상태가 무엇인지, 그리고 관찰이라는 행위를 통해 상태가 어떻게 바뀌는지 이해했다면 관찰(또는 측정)의 의미에 대해서 생각해 봐야 합니다. 관찰이라는 것이 무엇인지, 그리고 그 관찰의 주체는

누구인지 말이죠. 관찰이라는 말을 좁은 의미에서 생각해 보면 무언가를 '본다'는 뜻입니다. 본다는 것은 무엇일까요? 우리가 사과를 보면서 빨갛고 먹음직스럽다고 생각할 때, 사과를 '본다'는 것은 태양으로부터 오는 빛을 사과가 받아서 반사시킨 빛을 우리의 시각세포가 느끼는 거죠. 즉, 본다는 행위는 빛을 필요로 합니다. 보려고 하는 대상에 빛을 보내서 반사된 빛들을 감지함으로써 대상의 상태를 파악하는 겁니다.

우리가 감각할 수 있는 거시적인 세상에서는 이러한 '보는 행위'들이 관찰 대상과는 무관하게 작용합니다. 예컨대 우리가 날아가는 야구공을 보는 행위가 야구공의 궤적에 영향을 주지 않죠. 관찰자의 관찰 행위가 대상의 상태와 무관하다는 뜻입니다. 하지만 미시세계로 가면 그렇지 않습니다. 전자만 해도 가늠할 수 없이 작은 소립자이기 때문에 우리가 관찰을 위해 빛을 쪼여 주는 순간 그 거동이 변하고 말죠. 앞에서 말한 파동함수의 붕괴가 그 대표적인 현상입니다. 양자 중첩되어 있는 전자의 상태는 빛(정확하게는 광자)을 인지하는 순간 즉각적으로 하나의 상태로 붕괴됩니다. 이렇듯 양자 현상은 중첩의 원리와 관찰이나 측정에 의한 붕괴라는 시스템에 의해 작동합니다.

이제 관찰이라는 행위를 좀 더 확장해 봅시다. 관찰의 주체가 반드시 인간이어야 할까요? 만약 전자가 이중 슬릿을 통과하는 것을 토끼가 본다면 어떻게 될까요? 그때도 붕괴할 겁니다. 토끼가 볼 때에도 빛을 필요로 하니까요. 그렇다면 살아 있는 생물이 눈으로 보는 것만 관찰일까요? 그렇지 않습니다. 무생물도 관찰의 주체가 될 수 있습니다. 전자

의 이중 슬릿 실험을 이야기할 때 생략한 조건이 하나 있는데 그것은 바로 실험은 반드시 진공에서 수행되어야 한다는 겁니다. 만약 공기 중에서 실험을 하면 어떻게 될까요? 그럼 우리가 관찰하지 않아도 스크린에 두 줄만 나옵니다. 바로 공기 입자가 전자를 관찰했기 때문입니다. 다시 말해 슬릿으로 이동하는 전자가 주변의 공기 분자와 부딪치면 공기 분자의 거동에 변화가 생기는데, 이것이 곧 전자가 공기에 의해 관찰된 셈이라는 거죠.

여기서 관찰이라는 개념이 더욱 확장됩니다. 관찰이란, 관찰당하는 객체가 주위 환경과 상호작용하는 것을 의미합니다. 인간이 없어도, 토끼가 없어도, 만약 어떤 공간을 진행 중인 입자가 주변의 다른 입자와 충돌한다면 그 입자는 관찰을 당한 겁니다. 따라서 관찰의 주체는 인간도 토끼도 아닌 우주 전체입니다. 거꾸로 이야기하면 야구공 같은 거시적인 물체도 우주에게 관측당하지 않으면, 즉 슬릿을 통과하면서 아무런 입자와 충돌하지 않으면 간섭무늬를 보일 수 있다는 뜻입니다. 물론 야구공 사이즈의 입자가 진행하면서 아무런 충돌을 하지 않을 가능성은 거의 없지만 실제로 이를 실험으로 검증한 연구가 있습니다.

앞서 이야기한 2022년 노벨 물리학상 수상자 중 한 명인 안톤 차일링거는 이중 슬릿으로 보내는 입자를 점점 키워서 간섭무늬를 볼 수 있는 한계에 도전했습니다. 축구공 모양으로 생긴 C60 풀러렌 분자를 이용하여 이중 슬릿 실험을 수행했고 간섭무늬가 보인다는 것을 증명했죠. 풀러렌의 지름은 약 0.7nm로 전자에 비해(전자는 점입자이기 때문에 크

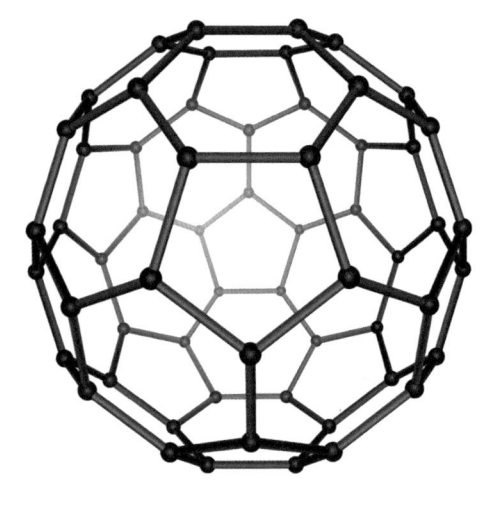

축구공을 닮은 C60 풀러렌 모형

기를 정확히 정의할 수 없긴 하지만) 어마어마하게 큰 크기입니다. 따라서 큰 분자라도 우주에 의해 관찰되지 않는다면 그 입자는 파동성을 보일 수 있습니다.

이러한 현상은 물질의 이중성으로 정립되어 양자물리학의 근본을 이루게 됩니다. 미시세계에서는 입자와 파동의 구분이 무의미하며 혼재되어 있다는 거죠. 물론 이 말을 오해하면 안 됩니다. 미시 입자들은 이중성을 갖지만 특정한 상황에 따라 입자성과 파동성 중 한쪽이 더 강하게 나타납니다. 예컨대 빛의 경우 파장이 길어지면 파동성이 강하게 나타나고, 반대로 짧아지면 입자성이 강하게 나타나는 것처럼요.

이제 양자컴퓨터의 동작 원리로 다시 돌아올 차례입니다. 앞서 이야기했듯이 기존의 컴퓨터는 반도체의 특성을 이용하여 0과 1로 구성된 비트라는 단위에 기반한 이진법으로 주어진 명령을 계산하는 기계입니다. 이에 반해 양자컴퓨터는 0과 1이 중첩되어 있는 양자비트, 즉 큐비트^{qubit}를 기반으로 하고 있습니다. n개의 큐비트를 사용한다면 2^n개의 중첩 상태를 만들 수 있는 거죠. 예컨대 20개의 큐비트를 사용하면 $2^{20}=1,048,576$개의 중첩 상태를 만들 수 있고, 이를 하나하나 일일이 계산해야 하는 기존의 컴퓨터에 비해 엄청난 우월성을 갖게 됩니다.

물론 원칙적으로는 그렇지만 실제로 이렇게 단순히 큐비트의 개수만큼 양자컴퓨터가 빠르지는 않습니다. 흔히 이 부분에서 가장 큰 오해를 하는 것 같습니다. 왜냐하면 아무리 양자 중첩 상태를 기반으로 연산을 수행한다 하더라도 결국 답을 알아내기 위해서는 측정이라는 행위를 하지 않으면 안 되기 때문입니다. 큐비트들은 모두 얽혀 있기 때문에 측정에 의해 하나의 큐비트가 특정 값으로 붕괴되면 모두 특정 값을 취하게 되죠. 양자 중첩 상태를 기반으로 한꺼번에 계산을 수행한다고 해도 결과 값을 확인하는 측정이라는 행위를 한다면 측정 전에 어떤 정보가 어떤 상태로 중첩되어 있었는지 전혀 알 수 없게 되니까요. 마치 이중 슬릿 실험에서 전자가 스크린에 닿기 전까지는 두 슬릿을 통과하는 상태가 중첩되어 있지만 스크린에 닿아서 확인하는 순간 하나의 가능

성만 확정되는 것처럼 말입니다.

따라서 양자컴퓨터는 잘 설계된 알고리즘을 사용하여 중첩과 얽힘을 제어하면서 해답이 되는 상태를 찾아 가는 방식으로 계산을 수행합니다. 비록 2^n배는 아니지만 각 연산 횟수마다 모든 중첩 상태를 한꺼번에 계산할 수 있는 큐비트의 특성에 정교한 양자 알고리즘을 결합해 획기적으로 연산 횟수를 줄여 빠른 계산을 수행할 수 있는 거죠. 이를 양자 초월성이라고 합니다.

대표적으로 1994년 미국의 이론컴퓨터과학자인 피터 쇼어(1959~)는 인수분해 계산은 양자컴퓨터가 월등히 빠르게 수행할 수 있다는 '쇼어 알고리즘'을 증명해 세계를 놀라게 했죠. 2년 뒤에는 인도의 컴퓨터과학자인 그로버(1961~)가 '그로버 알고리즘'을 창안했는데, 이는 고전적 컴퓨터가 지수함수적인 시간을 소모하며 구현하는 탐색 문제를 다항 시간(N의 다항식 함수보다 크지 않은 시간) 안에 풀 수 있도록 한 양자 알고리즘입니다. 쉽게 말해서 고전적 컴퓨터가 N회의 경우의 수를 모두 계산해야 한다면, 그로버 알고리즘이 적용된 양자컴퓨터는 $\sqrt{N}$회만 계산하면 되는 거죠. N이 100만이라고 하면 양자컴퓨터는 1,000회만 계산하면 되는 겁니다.

이러한 알고리즘은 각 중첩 상태를 파동으로 가정하고 그 파동의 위상이나 간섭을 이용하여 교묘하게 조정하는 기술을 기반으로 하고 있습니다. 2019년에 구글은 《네이처》 논문에서, 53큐비트로 작동하는 양자 시카모어 칩을 개발하여 기존의 슈퍼컴퓨터로 1만 년 걸리던 계산

을 200초에 수행할 수 있는 '양자 초월성'을 입증했다고 발표하기도 했습니다. 물론 이 결과는 양자컴퓨터가 잘 풀 수 있는 문제를 일부러 골라서 슈퍼컴퓨터와 비교한 방식으로, 진정한 우월성을 달성했다고 보기는 어렵습니다. 하지만 양자컴퓨터의 계산 방식이 실질적으로 슈퍼컴퓨터에 비해 훨씬 빠르다는 것을 입증했다는 데 의미가 있죠.◆

이러한 알고리즘의 기본 원리를 간단하게 설명해 보겠습니다. 우선 8개의 다이얼 패턴 중 하나의 형태를 비밀번호로 갖는 자물쇠를 열어야 한다고 가정해 봅시다. 기존의 컴퓨터는 여덟 가지 비밀번호를 하나씩 차례로 대입하며 열어야 하죠. 이때 각각의 경우에 다른 이진수가 배당되며 총 8회의 연산을 수행해서 비밀번호를 찾아냅니다. 이 속도를 향상시키기 위해서는 집적된 트랜지스터의 수를 늘려서 각각의 경우를 대입하는 속도, 즉 이진수로 변환되는 속도를 늘려야 합니다.

반면에 양자컴퓨터는 중첩의 원리를 이용해서 8개의 패턴을 한 번에 동시에 대입하여 열게 됩니다. 다시 말해 자물쇠가 열리지 않는 7개 패턴과 열리는 1개 패턴의 가능성이 중첩되는데, 이를 잘 간섭시켜서 열리는 패턴만 찾아내는 거죠.

이를 앞서 설명한 이중 슬릿 실험에 대입해 설명해 보겠습니다. 8개의 패턴이라고 했으니 3개의 비트($2^3=8$)로 표현될 것이기 때문에(3개의 비트가 각각 0과 1을 가지므로 이를 조합하면 000~111까지 총 8개의 패턴) 8중

◆ Frank Arute et al., "Quantum supremacy using a programmable superconducting processor", *Nature* 574, 505(2019).

슬릿을 생각해 보면 됩니다. 물론 8개의 슬릿 중에 1개가 열리는 패턴이고 나머지 7개는 열리지 않는 패턴이겠죠. 이때 열리는 패턴을 나타내는 슬릿에만 전자의 통과 속도를 늦추는 장치가 있다고 가정해 보죠. 일반 컴퓨터는 각 슬릿에 전자를 차례로 하나씩 쏘아서 속도가 느려지는 슬릿을 찾습니다. 이때 전자는 그냥 입자이며 마치 총알처럼 전자가 슬릿을 통과한 후 스크린에 맞는 시간을 측정하여 느린 슬릿을 찾는 겁니다.◆

반면 양자컴퓨터는 실제 양자 현상인 전자의 이중성을 기반으로 답을 찾습니다. 8중 슬릿에 전자를 보내면 각 8개의 슬릿을 통과하는 경우가 중첩된 상태일 겁니다. 전자가 파동처럼 슬릿을 통과한다면, 열리는 패턴을 나타내는 슬릿, 즉 속도가 느려지는 장치가 부착된 슬릿을 통과하는 전자 파동의 위상(위치와 상태)이 달라지겠죠? 여기까지만 보면 일반 컴퓨터에 비해 양자컴퓨터의 빠르기가 $2^3=8$배 빠를 것 같지만, 달라진 특정 슬릿의 위상을 측정 이전에 찾아낼 방법이 없습니다. 왜냐하면 결과를 보려고 측정을 하는 순간, 중첩 상태가 붕괴되어 하나의 결과만 볼 수 있기 때문이죠.

따라서 양자컴퓨터는 어긋난 위상을 갖는 파동(열리는 패턴)과, 나머지 슬릿을 통과한 파동의 간섭을 잘 조절하여, 스크린의 특정 위치에만 보강간섭이 나타나고 나머지 영역에는 상쇄간섭이 나타나게 만듭니다.

◆　다케다 슌타로, 『처음 읽는 양자컴퓨터 이야기』 전종훈 역, 플루토, 2021, 78~82쪽.

3장. 미래: 인류 생존을 걸머지다

그 위치와 슬릿의 위치의 관계를 통해 열리는 패턴이 있는 슬릿을 찾게 되는 거죠. 이 과정에서 계산 횟수가 늘어나기 때문에, 그로버 알고리즘에서 N개의 비트를 사용하는 계산의 경우, 2^N배가 아닌 $\sqrt{N}$배가 빠르다는 결론이 나오는 겁니다.

예민하고 세밀한 큐비트 구현 전쟁

그렇다면 양자컴퓨터의 양자비트, 즉 큐비트는 어떻게 구현할까요? 안타깝게도 이를 구현하는 방식이 그리 간단하지 않습니다. 많은 방해물이 있지만 그중 가장 큰 두 가지는 바로 큐비트가 매우 예민하다는 점과 큐비트를 세밀하게 조정하는 것이 매우 어렵다는 점입니다. 큐비트의 예민함은 앞서 전자의 이중 슬릿 실험에서 절대로 관측되지 말아야 한다는 조건과 관련이 있습니다. 전자와 같은 양자가 중첩 상태를 유지하기 위해서는 우주, 즉 공기 분자 하나와의 접촉도 허용되지 않기 때문에, 그러한 상태를 유지하면서 컴퓨터의 연산을 수행하는 큐비트를 안정적으로 구현하기가 쉽지 않다는 것이죠.

또한 큐비트를 세밀하게 조정하는 문제는 오류 정정 문제와 관련이 있습니다. 일반적인 컴퓨터는 트랜지스터에 조금 오류가 있더라도 오류 허용치가 존재하기 때문에 그 범위 안에서는 곧바로 정정될 수 있습니다. 하지만 큐비트는 매우 작은 오차라도 절대로 허용되지 않습니다.

왜냐하면 0과 1의 중첩인 큐비트는 파동의 진폭과 위상의 차이로 그 중첩 상태가 결정되는데, 그 차이가 조금만 발생해도 점점 누적되어 결국에는 엄청난 오류로 귀결되기 때문입니다.

따라서 양자컴퓨터를 만든다는 것은 전자나 원자, 광자와 같은 양자를 주변의 방해 요소로부터 완벽하게 보호하면서 그 하나하나를 아주 정확하게 조종해야 한다는 뜻입니다. 더군다나 이러한 큐비트를 최소 100만 개 이상 조종해야 소인수분해나 화학 계산, 그리고 데이터베이스 검색 관련 연산을 실용적으로 수행할 수 있기 때문에 아직 갈 길이 매우 멉니다(현재 개발된 양자컴퓨터의 큐비트 개수는 100개 정도입니다).

최근 양자컴퓨터는 크게 세 가지 방식으로 개발되고 있습니다. 앞서 이야기한 구글이나 IBM에서 제작하고 있는 방식은 초전도 회로 방식입니다. 초전도 현상은 전기저항이 0인 상태로, 전자가 아무런 저항을 받지 않고 움직일 수 있는 상태를 말합니다. 초전도 상태의 금속 전극 두 개를 대칭적으로 만들어 그 안에 전자의 상태를 가두고 위치에 따라 0과 1에 대응시켜 큐비트를 구현하는 것이죠. 이 방식은 오류 발생 비율이 낮고 큐비트의 집적이 가능하지만 그 상태가 불안정한 편인 데다, 무엇보다도 극저온(영하 270℃)에서 작동하기 때문에 냉각기가 필요하다는 단점이 있습니다.

그다음으로는 이온을 이용하는 방식이 있습니다. 이온이란 양전하나 음전하를 띠는 원자를 말하는데, 그 중심에 양성자와 중성자가 있고 주위에 전자가 들어갈 수 있는 궤도가 있죠. 그 궤도를 두 개로 만들고

전자가 각 궤도에 있는 상태를 각각 0과 1에 대응시켜서 하나의 이온으로 0과 1이 중첩인 큐비트를 구현할 수 있습니다. 이 방식은 오류 비율이 낮고 초전도 회로 방식에 비해 큐비트의 안정성이 높습니다. 또한 상온에서 작동하기 때문에 냉각기도 필요 없고요. 그 대신 높은 진공 상태를 요구하기 때문에 진공 용기가 필요하고, 초전도 회로 방식의 장점이었던 큐비트의 집적화가 어렵다는 단점이 있습니다.

마지막으로는 빛을 이용한 방식이 있습니다. 빛은 전자처럼 스스로 두 가지 다른 상태가 중첩된 큐비트의 역할을 할 수 있습니다. 여기서 다른 상태란 빛의 진동 방향, 즉 편광 방향이 다른 두 상태를 의미합니다.

이 중에서 현재까지는 초전도 회로 방식과 이온 방식이 좀 더 앞서 나가고 있지만 빛을 이용한 방식도 폭발적으로 발전하고 있고, 큐비트의 고밀도 집적이 가능한 반도체를 이용한 방식도 활발히 연구되고 있습니다.

암호 전쟁을 끝장낼 양자통신의 가능성

이렇듯 일반 컴퓨터는 가능한 모든 경우의수에 대해 하나씩 차례로 계산해 보는 반면, 양자컴퓨터는 그 수만큼 중첩된 상태를 구현하여 한 번에 계산하기 때문에 처리 속도가 기하급수적으로 빠릅니다. 예컨대 엄청나게 큰 수의 소인수분해 시간이 매우 오래 걸린다는 개념에 기반

세계 최대 가전·IT 박람회 CES 2019에서 전시된 상업용 양자컴퓨터 'IBM Q 시스템 원'

한 현재의 암호 체계는 양자컴퓨터에게는 그저 몇 초 만에 풀 수 있는 심심풀이에 불과한 거죠.

하지만 양자컴퓨터에 대한 오해도 많습니다. 양자컴퓨터가 마치 공상 과학에 등장할 것만 같은 만능 컴퓨터로 인식되어 기존의 컴퓨터를 완전히 대체하는 세상이 올 것처럼 이야기하지만 이는 사실이 아닙니다. 양자컴퓨터는 기존의 컴퓨터가 하는 업무 모두를 대신할 수 없으며, 자신만의 영역에서 해결할 수 있는 문제들을 다루게 될 겁니다.

이를테면 복잡한 화학 분자에서 일어나는 다양한 거동을 분석하는 일이나, 이를 기반으로 한 신소재의 특성을 계산하여 최적화된 구조를 알아내는 일 같은 것들 말이죠. 특히 신약을 개발할 때 수반되는 엄청난 변수들을 고려하여 환자에게 맞는 약을 제조할 때 그 능력을 발휘할 겁

니다. 이들 외의 대부분의 계산은 현재 사용되는 성능 좋은 컴퓨터와 별 차이가 나지 않습니다.

쉽게 비유하자면 일반 컴퓨터가 우리가 보통 몰고 다니는 자동차라면 양자컴퓨터는 F1 레이싱 자동차와 같습니다. 백화점에 가는데 굳이 F1을 몰고 갈 이유가 없듯이 양자컴퓨터가 일반 컴퓨터 모두를 대체할 필요가 없고 그럴 수도 없다는 말이죠. 또한 양자컴퓨터와 같은 양자 소자 연구가 어느 날 갑자기 기술적인 혁신을 통해 혜성처럼 등장했다고 생각하는 경향이 있는데, 전혀 그렇지 않습니다. 양자컴퓨터는 오랜 기간 동안 연구되며 지속적으로 발전해 온 물리학의 한 분야일 뿐입니다. 다만 기존 컴퓨터가 한계 상황에 이르게 되면서 최근에 그 관심도가 급격하게 증가한 거죠.

그렇다면 양자 현상 자체를 활용한 다른 분야는 무엇이 있을까요? 바로 양자통신입니다. 현재의 정보통신망에서 시급히 해결되어야 할 문제는 아마도 개인 정보의 유출로 인한 사회문제일 겁니다. 이렇게 정보통신의 보안 기능이 더욱 중요해지면서 양자통신과 같은 차세대 통신 기술이 주목받고 있죠. 즉, 이제 정보의 전송 속도나 효율성보다 정보의 보안성이 더 중요해졌다는 겁니다.

양자통신은 양자 상태에 담겨 있는 정보를 송신 측에서 수신 측까지 전달하는 과정을 의미합니다. 이때 정보는 0 또는 1의 이진 정보일 수도 있고 0과 1이 중첩되어 있는 정보일 수도 있습니다. 전송되는 정보를 누군가가 도청하면 수신자는 앞서 이야기한 파동함수 붕괴에 의

해 즉각 도청자의 존재를 인식하게 되고 따라서 통신을 중단한 후 상황에 알맞은 대처를 할 수 있죠. 왜냐하면 도청은 곧 관찰이고, 양자 중첩 상태에서의 관찰은 곧 파동함수의 붕괴를 일으키며 반드시 그 상태를 변화시키기 때문입니다.

따라서 양자통신은 양자 중첩 상태를 유지한 채 정보를 전송함으로써 상대방의 해킹이나 도청을 원천적으로 차단할 수 있습니다. 양자통신이 컴퓨터가 개발된 이래 지속적으로 발생해 왔던 암호 전쟁을 끝장낼 수 있는 수단으로 주목받는 이유입니다.

양자통신을 실질적으로 구현하기 위해 현재 가장 활발히 연구하고 있는 분야 중 하나가 바로 하나의 빛 알갱이, 즉 단일 광자를 이용한 통신입니다. 단일 광자는 양자역학적인 상태를 갖습니다. 전자가 그렇듯 빛도 광자의 개수가 많아지면 많아질수록 양자역학적인 효과는 없어지고 완전한 파동으로서의 특성을 갖거나(토머스 영이 수행했던 간섭 실험이 대표적), 거시적으로는 직진하는 광선으로 다루어져 기하광학에 활용되기도 하죠. 하지만 단일 광자는 앞에서 언급했던 것처럼 관찰에 의해 그 상태가 붕괴되는, 철저한 양자 중첩 상태에 있습니다. 이러한 단일 광자를 이용해 통신을 한다면 원천적으로 도청이 불가능하겠죠? 통신을 방해하는 순간 그 즉시 광자의 상태가 붕괴될 테니까요.

문제는 하나의 빛 알갱이를 어떻게 안정적으로 생산할 수 있는가입니다. 다시 말해 확실하고 안정적인 단일 광자원을 만들어 내는 일이 양자통신의 핵심입니다. 현재까지 양자 암호 기술에 쓰이는 광자는 근

사치로 생성되는 수준에 머물러 있습니다. 즉, 레이저를 굉장히 약하게 발진하여 우연히 생성되는 단일 광자를 이용하는 방식이죠. 이 경우, 단일 광자가 나올 확률이 50% 이하이기 때문에 정보를 받는 입장에서는 광자원이 문제인 건지 정보가 도청이 된 건지 구분하기 힘들게 됩니다.

그래서 최근에 단일 광자를 만드는 원료로 금이나 다이아몬드와 같은 비싼 물질들이 연구에 사용되고 있습니다. 예컨대 다이아몬드에 생긴 결함을 이용하면 띠간격 내에 전자가 가질 수 있는 준위가 하나 생기는데 이 준위를 통해 방출되는 빛이 단일 광자원의 중심이 되는 거죠. 하지만 다이아몬드는 비쌀 뿐만 아니라 매우 단단하기 때문에 가공하기가 어렵습니다. 이에 대한 대안으로 신소재인 전이금속칼코젠이 단일 광자원으로 활발하게 연구되고 있는데요. 전이금속칼코젠은 반도체와 금속 상태를 오가는 소재로 2차원 구조를 갖는 물질입니다.

이처럼 현재 프런티어 영역에서는 단일 광자 생성 효율을 높이기 위한 연구가 활발히 진행되고 있으며, 앞으로의 목표는 매초 안정적으로 단일 광자를 배출하는 단일 광자원을 개발하는 겁니다.

기후 위기가 거짓말이라는

거짓말

기후, 물리학의 정신과 정반대되는 복잡계

2021년 노벨물리학상은 기후변화 연구에 헌신한 물리학자들에게 수여되었습니다. 바로 미국 프린스턴대학교의 슈쿠로 마나베 교수와 독일 막스플랑크연구소의 클라우스 하셀만 박사, 그리고 이탈리아 사피엔차대학교의 조르조 파리시 교수가 그 주인공이었죠.

기후 연구는 엄밀히 말해 물리학에서 복잡계complex system 연구 분야에 속합니다. 복잡계란 다양한 변수로 인한 무작위성과 무질서를 품고 있는 시스템을 의미하는데, 여기서 다양한 변수란 서로 상호작용을 하며 얽혀 있는 많은 부분, 개체, 행위자 들을 말합니다. 복잡계의 중요한 특성은 이러한 개개의 구성 요소를 이해하는 것만으로는 완벽히 설명할 수 없다는 겁니다.

따라서 복잡계를 연구한다는 것은 구성 요소들의 상호작용이 시스템 전체의 집단적 행동을 발생시키는 메커니즘을 찾고 이를 통해 시스템이 주변 환경과 어떻게 상호작용하는지 밝힌다는 뜻입니다. 이는 자연을 간단한 모델로 추상화해서 근본적인 이해를 추구하는 물리학의 연구 정신과는 정반대이기 때문에 매우 어려운 분야로 알려져 있죠.

예컨대 뉴턴역학에서는 하나의 행동이 하나의 결과를 갖는다는 인과율이 정확하게 적용되지만, 복잡계에서는 주어진 원인이나 행동이 소위 '되먹임 고리feedback loop'를 통해 여러 가지 전혀 다른 결과를 초래할 수 있습니다. 대표적인 예가 바로 카오스 현상입니다. 19세기 말 프랑스의 수학자 푸앵카레는 초기조건의 아주 작은 차이가 최종 현상에서는 아주 커다란 차이를 낳을 수 있음을 최초로 발견하는데요. 이후에 MIT 기상학과 교수였던 에드워드 로렌츠(1917~2008)가 기상 현상을 시뮬레이션하던 중 아주 작은 초기조건의 변화가 결과의 엄청난 변화를 유발할 수 있음을 발견했고, 이를 나비효과라고 명명하죠. 바로 이 효과가 카오스이론의 모태가 되었습니다.

나비효과의 대표적인 예가 1987년 겨울 덴버 공항에서 일어난 여객기 사고였습니다. 갑자기 엔진이 멈추면서 여객기가 지상으로 추락하여 승객과 승무원 28명이 숨진 대형 사고죠. 추운 날씨로 인해 비행기 날개 뒷부분에 매우 작은 결빙들이 형성되었는데, 비행기의 속도가 증가하면서 결빙 주변에 공기의 소용돌이가 작게 일어났고, 이것이 점점 확대되어 거대한 난기류를 유발한 겁니다.

비행기 날개 끝에서 일어나는 난기류를 연구해 묘사한 나사(NASA)의 그래픽

카오스이론은 이렇게 복잡한 시스템 안에서도 모종의 질서가 형성될 수 있음을 예측합니다. 예컨대 메뚜기 떼는 서식 밀도가 높아지면서 어느 순간부터 강하게 상호작용하기 시작하고, 상상하지 못한 거대한 조직을 형성하여 한 몸처럼 움직입니다. 단순히 주변 메뚜기에 의해 자극받아 반응하는, 국소적이고 단순한 행동 규칙만으로도 거대한 질서가 형성되는 거죠. 이를 과학의 언어로 정립한 과학자가 앞에서 이야기한 프리고진입니다.

그는 어떤 시스템이 평형상태에서 아주 멀어지면 이 비평형상태가 새로운 질서, 즉 소산 구조^{dissipative structure}를 형성할 수 있다고 했습니다.

이는 구성 요소들이 자발적으로 상호작용하여 구조를 형성하는 것이며 그 과정을 자기 조직화라고 정의했죠. 쉽게 말해 소산 구조는 자기 조직화에 의해 발생하는 일종의 양의 되먹임$^{positive\ feedback}$인 셈입니다.

이는 복잡성이 크게 증가하는 '혼돈의 가장자리$^{the\ edge\ of\ chaos}$'라는 개념에서 기인합니다. 혼돈의 가장자리의 특징은 먼저 시스템 외부와의 채널이 열려 있어 자원의 출입이 가능하다는 점입니다. 둘째로 시스템 구성 요소들이 이질적이고 다양하여 연결 관계가 형성됨으로써 경쟁과 협력이 발생한다는 거죠. 하나의 시스템이 이러한 상태에 도달해 있을 때에는 내부 구성원들이 지나치게 동결되지 않고 또 지나치게 활성화되지도 않으면서 서로 자기 조직화를 최대화할 수 있도록 적당한 수준으로 상호 촉매작용을 합니다.

이러한 변화는 모든 가능성을 포함하기 때문에, 주위로부터 에너지를 흡수하여 열역학적으로 안정적이고 질서정연한 구조, 즉 엔트로피가 낮은 구조를 자발적으로 창발할 수 있습니다. 그 결과물 중 하나가 생명체인 거고요. 복잡계 이론으로 생명의 창조까지도 설명할 수 있는 겁니다.

기후 역시 대표적인 복잡계입니다. 기후는 특히 복잡도가 매우 높아 물리학적 이해가 쉽지 않았죠. 노벨물리학상을 수상한 마나베 교수와 하셀만 박사는 지구 기후라는 복잡계 안에서 일어나는 변동성을 정량적으로 분석하여 규칙적인 패턴을 규명하고, 이를 통해 지구온난화를 안정적으로 예측한 공로를 인정받은 겁니다. 다시 말해 지구 기후에

대한 물리학적 기반을 마련했고, 예측 가능한 모델을 구축하여 미래의 기후변화 양상을 과학적으로 설명했죠.

마나베 교수는 1960년대부터 대기 중 이산화탄소 농도 증가가 어떻게 지구 기온을 높이는지 규명해 왔습니다. 특히 1967년에 출판된 논문「상대습도 분포에 따른 대기의 열평형」을 통해, 대류로 인한 기단의 수직 수송과 수증기 잠열을 통합하는 물리 모델 개발 작업을 주도했죠. 실제로 이 모델은 이산화탄소의 증가로 지구 온도가 올라갔음을 증명했으며, 지면에 가까운 공기가 상승한 반면, 높은 대기일수록 온도가 떨어지는 현상을 예측하기도 했습니다. 즉, 태양복사의 변화가 지구 온도 상승의 원인이었다면 전체 대기가 동시에 가열됐을 거라는 분석이죠.

그의 모델은 현존하는 많은 기후 모델의 시초가 되었고, 10여 년 후인 1979년 하셀만 박사는 날씨와 기후를 연결하는 모델을 만드는 데 성공합니다. 그의 확률론적 기후 모델은 아인슈타인의 브라운운동 이론을 활용한 것으로 알려졌는데, 브라운운동은 액체나 기체 안에 떠서 움직이는 작은 입자의 불규칙한 운동을 말하죠. 하셀만 교수는 이 이론을 기반으로, 빠르게 변화하는 대기가 실제로 바다에서는 느린 변화를 일으킬 수 있음을 입증했고, 태양복사나 화산 분출물 입자, 온실가스 수준의 변화가 고유한 지문을 남긴다는 점에 착안해 인간이 기후 시스템에 미치는 영향을 입증하는 방법도 개발했습니다.

또한 파리시 교수는 스핀 글라스(spin glass, 대표적으로 많이 연구되어 온 복잡계로, 비자성체에 자성을 띤 불순물을 섞은 계) 연구에서 무질서와 변동

의 상호작용을 발견하는 등 복잡계 물리학에서 중요한 공로를 인정받았습니다. 특히 그는 수학과 생물학, 신경과학, 머신러닝 등 다양한 분야의 복잡계를 설명하는 물리·수학 모델을 개발하기도 했죠.

기후변화의 '물리학적' 정의

사실 기후변화에 관한 물리학자들의 연구는 워낙 전문적이라서 일반인이 이해하도록 설명하기가 쉽지 않습니다. 여기서는 기후변화의 주된 가늠자가 되는 복사에너지에 대해 파고들어 이야기해 보겠습니다. 우리가 단순히 '이산화탄소가 지구 온도를 높이고 기후 위기를 가속화한다'고 이해하는 내용 깊숙이에는 무엇보다 그간의 치열한 물리학적인 연구로 얻어 낸 지식이 깔려 있기 때문입니다.

일단 에너지는 그 자체로는 양을 정의하기가 어렵습니다. 하지만 에너지가 정량적으로 어느 정도인지 알아내는 것은 어렵지 않습니다. 왜냐하면 에너지는 '일work'이나 '열heat'이라는 측정 가능한 현상으로 전환이 가능하기 때문입니다. 일과 열은 하나의 개체로부터 다른 개체로 전이되는 과정에서 정의됩니다. 예컨대 뜨거운 물과 찬물이 섞이면 미지근한 물이 되듯이, 열은 뜨거운 곳에서 차가운 곳으로 이동하는 에너지의 흐름을 나타내는 양입니다. 물리학자들은 이 과정에서 발생하는 변화량을 측정하여 에너지의 양과 특성을 설명하는데, 이는 열역학의

가장 근본이 되죠.

보통 열의 이동은 세 가지 방식으로 일어납니다. 온도가 다른 물이 서로 섞이는 대류convection, 금속의 한쪽을 달구면 물체 내부에서 전체가 뜨거워지는 전도conduction, 물질의 도움 없이 열이 직접 이동하는 복사radiation로 나눌 수 있죠. 대류와 전도는 경험적으로 쉽게 이해할 수 있지만 태양의 에너지가 지구로 전달되는 과정과 같은 복사는 이들과 다릅니다. 태양과 지구가 서로 연결되어 열이 전도되거나, 둘 사이에 공기가 있어서 대류를 통해 전달되는 게 아니니까요.

우주라는 진공을 통해 에너지가 어떻게 전달되는지에 대한 의문은 전자기파의 발견으로 해소되었습니다. 앞서 여러 번 이야기했듯, 맥스웰은 빛이 전기장과 자기장의 파동 즉 전자기파이며, 이 파동은 우주 공간을 직접적으로 전파해 가는 에너지와 같다는 것을 이론적으로 규명했습니다. 태양에서 오는 빛의 정체는 전자기파이며 전자기파 자체가 에너지라는 사실이 밝혀진 거죠. 이러한 전달 방식을 복사라고 하기 때문에 태양복사 혹은 지구복사라는 표현이 생겨난 겁니다. 그러니 지금부터 사용하는 복사라는 용어는 빛과 같은 의미이며 그 자체가 에너지라고 생각하면 됩니다.

이를 바탕으로 기후변화를 간단히 정리하면, 태양의 복사에너지가 필요 이상으로 남아서 지구가 더워지는 현상을 말합니다. 태양이 복사에너지를 뿜어내며 지구로 전달하면, 지구는 그것을 받았다가 필요한 만큼 쓰고 다시 밖으로 방출하는데, 이를 '복사평형'이라고 하죠. 하지

만 지구의 대기 중에는 특정한 성분들이 존재합니다. 이들은 태양으로부터 들어오는 복사에너지와는 아무런 상호작용을 하지 않으면서 지구의 복사에너지는 열심히 흡수하여 밖으로 빠져나가는 것을 가로막고 있습니다. 좀 더 정확히 말하면 태양복사에 의해 지구로 전달되는 전자기파의 주파수는 주로 가시광선 영역인 반면, 지구가 밖으로 내보내는 전자기파의 주파수는 적외선 영역인데, 이 문제의 성분들은 주로 적외선을 흡수하여 지구복사가 밖으로 방출되는 것을 방해하는 거죠. 이런 수작을 벌이는 성분들을 '온실가스'라고 부르며, 주로 이산화탄소와 수증기, 메탄 등이 이에 해당합니다.

다음 그림은 태양에서 방출하는 복사의 강도와 지구 대기의 흡수 대역에 따른 스펙트럼을 나타냅니다.◆ 그림을 보면 태양이 방출하는 전자기파는 가시광선 영역에서 최대이며 5,500K(약 5,230℃)의 온도에 해당합니다. 지구가 방출하는 전자기파는 위치와 고도에 따른 온도 변화에 따라 다르지만 적외선 영역에서 최대이며 300K(약 27℃) 내외입니다.

대기 중 태양의 스펙트럼 강도는 가시광선 영역에서 가장 강하고 지구에 의해 방출되는 복사에너지는 $10\mu m$(마이크로미터) 내외 파장의 적외선 영역에서 가장 넓고 강합니다. 이는 지구 대기가 이러한 파장의 복사에너지는 잘 흡수하지 않는다는 뜻이고, 따라서 이러한 파장대의 복사선은 지상으로 잘 전달됩니다. 또한 대기의 구성 성분이 주로 물이

◆ 태양 광선이나 백열전구의 빛을 분광기에 통과시키면 연속된 스펙트럼을 얻을 수 있다. 이 스펙트럼을 다른 감지기를 사용해서 측정하면 그 에너지 분포를 알 수 있다.

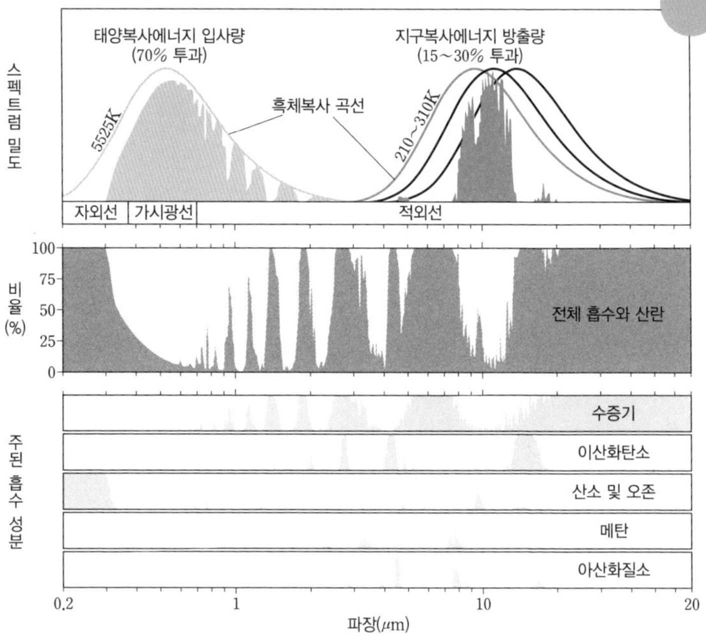

스펙트럼 밀도

태양복사에너지 입사량
(70% 투과)

흑체복사 곡선

지구복사에너지 방출량
(15~30% 투과)

5525K

210~310K

자외선 | 가시광선 | 적외선

비율
(%)

전체 흡수와 산란

주된 흡수 성분

수증기

이산화탄소

산소 및 오존

메탄

아산화질소

파장(μm)

태양복사에너지의 흡수스펙트럼

기 때문에 대기의 흡수스펙트럼은 주로 수증기의 흡수스펙트럼과 일치합니다. 이산화탄소의 흡수스펙트럼은 어떨까요? 흡수를 잘하는 파장대가 3~4개 정도 존재하는데 대부분 적외선 영역에 걸쳐 있습니다. 메탄과 아산화질소도 마찬가지입니다. 산소와 오존에 의한 흡수는 주로 자외선 영역에서 최대로 일어납니다.

이러한 흡수스펙트럼의 위치와 수는 대기에 존재하는 기체의 화학적 특성에 의해 결정됩니다. 온실가스 중에서 가장 큰 비중을 차지하는 것은 수증기이며, 그다음은 이산화탄소와 메탄, 아산화질소 등이죠. 이

러한 기체들은 총체적으로 대기를 통과하여 오는 직사광선 에너지의 25~30%를 흡수하고 재분배합니다. 그리고 지구 표면에서 방출되며 상승하는 열복사에너지의 70~85%를 흡수합니다.

이와 같은 온실가스는 사실 지구 생물들이 서식하는 데 반드시 필요합니다. 현재 지표면 연간 평균온도인 영상 15℃를 유지하는 데 온실가스가 주도적인 역할을 하기 때문이죠. 이를 자연적 온실효과라고 하며, 만약 온실가스가 없다면 지표면의 연간 평균온도는 영하 18℃까지 떨어져 지구상에 생명체가 존재하기 어려울 겁니다.

이산화탄소가 가장 골칫거리인 이유

앞서 온실가스는 하필 적외선 영역의 복사를 흡수해 지구복사가 밖으로 방출되는 것을 방해한다고 했죠? 그 이유는 대체 뭘까요? 이 원리를 알기 위해서는 우선 물질이 빛을 왜 흡수하는지, 그리고 왜 특정 영역의 파장대에서만 흡수하는지 이해할 필요가 있습니다.

이를 이해하기 위해서는 약간의 양자물리학적 배경이 필요합니다. 1913년 닐스 보어는 양자론을 도입하여 최초의 원자모형을 제시하는데, 그것으로 당시 수소 원자에서 보였던 선스펙트럼을 설명하는 데 성공을 거두게 됩니다. 그는 수소 원자에서 나오는 빛이 왜 무지개처럼 연속적으로 보이지 않고 특정 파장대(특정 에너지)에서만 나오는지 설명해

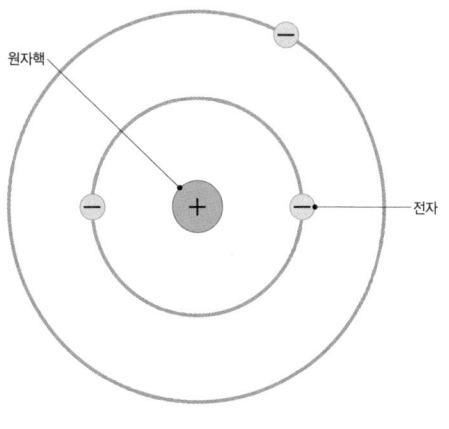

원자핵

＋

전자

보어의 수소 원자모형

야 했죠. 그러기 위해 당시 원자 내의 전자들이 갖는 에너지값이 불연속적이라는 사실을 기반으로 삼았습니다. 그는 전자들이 갖는 에너지 값들을 에너지준위라고 부르면서 낮은 준위에 있는 전자들이 빛 에너지를 흡수하면 높은 에너지준위로 들뜰 수 있다고 생각했습니다. 높은 에너지준위로 간 전자들은 다시 원래 위치로 되돌아 오며 흡수할 때 받았던 빛 에너지를 방출한다고 생각했고요. 이와 같은 에너지준위 사이에서의 전자의 이동을 전이^{transition}라고 합니다. 즉, 원자는 전이를 유발하며 에너지준위들의 차이와 일치하는 빛 에너지만을 흡수한다는 결론을 얻을 수 있습니다.

이와 같은 그의 모형은 점점 확장되어 원자가 아닌 복잡한 분자나 물질에서 일어나는 빛의 흡수에도 적용되었습니다. 즉 원자보다 훨씬

복잡한 에너지준위를 갖는 물질이 빛을 흡수했을 때 그 에너지준위들 사이에 발생하는 전이 현상들을 분석할 수 있게 된 거죠. 이는 빛-물질 상호작용이라고 불리며, 제가 연구하는 주된 분야인 분광학에서 매우 중요한 연구 분야로 자리잡았습니다.

보통 분광학에서 흡수란, 어떤 물질에 들어 있는 원자나 분자들이 각각의 특정 파장의 빛(전자기복사)의 세기를 선택적으로 감소시키는 현상을 말합니다. 모든 입자들은 자신만의 고유한 에너지준위를 갖는데, 가장 낮은 상태를 바닥 상태ground state, 그리고 준위가 높은 상태를 들뜬 상태excited state라고 합니다. 이 상태들은 점점 더 커질 수 있기 때문에 다수의 상태들이 존재하고요. 그래서 보통 첫 번째, 두 번째, … 들뜬 상태 등으로 말하죠. 이때 물질에 빛을 쏜다면 바닥 상태와 각 들뜬 상태의 에너지준위 차이와 일치하는 에너지를 갖는 빛이 물질에 흡수되면서 그 세기가 감소하는 겁니다.◆

원자의 경우에는 전자의 에너지준위 차이에 따른 스펙트럼을 관찰하면 어느 에너지 영역에서 빛을 흡수하는지 쉽게 알 수 있습니다. 하지만 분자로 가면 조금 더 복잡해지겠죠. 분자는 여러 개의 원자로 구성되어 있기 때문에 전자 고유의 에너지준위 외에 분자의 진동 에너지준위, 그리고 회전에 의한 에너지준위들 또한 존재하기 때문입니다(전자의 에

◆　　각각의 원자나 분자는 자신만의 고유한 에너지준위를 갖기 때문에 분광학을 잘 이용하면 우리는 빛을 조사하는 것만으로도 물질의 종류를 확인할 수 있다. 특히 분광학은 천문학에서 별을 관찰할 때 절대적으로 필요하다. 거대한 별에서 방출되는 빛을 분석하면 별의 성분 구성을 대부분 알아낼 수 있기 때문이다.

높은 에너지

들뜬 상태

회전 에너지준위

진동 에너지준위

전자의
에너지준위

낮은 에너지

바닥 상태

분자가 가질 수 있는 여러 에너지준위들

너지준위가 가장 크며, 회전 에너지준위가 가장 작습니다).

이제 이러한 배경지식을 바탕으로 온실가스 중에 가장 골칫거리인 이산화탄소의 흡수에 대해서 이야기해 보겠습니다. 이 분자의 흡수 영역은 $1.6\mu m$, $4.0\mu m$, $16\mu m$ 정도에 있는데, 특히 $16\mu m$ 영역은 탄소와 산소 원자가 서로 위아래로 굽히면서, 마치 배에 부딪치는 물결처럼 진동하며 흡수하는 강력한 진동 흡수 대역($15\sim20\mu m$)입니다. 이 영역은 특히 수증기가 흡수하지 않는 적외선 영역을 흡수하기 때문에 온실효과를 더욱 강화시키죠. 이러한 대기권 내에서의 추가적 흡수는 공기를 조

3장. 미래: 인류 생존을 걸머지다

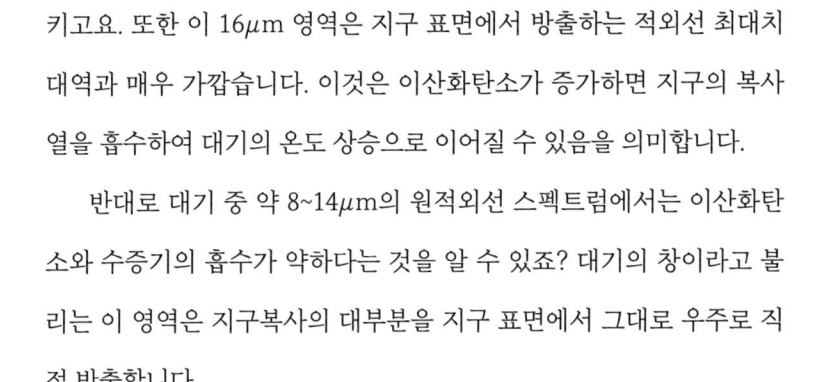

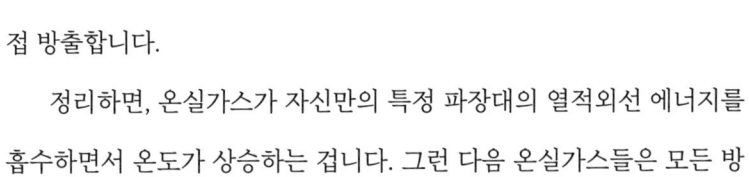

이산화탄소의 적외선 영역에서의 흡수스펙트럼

금 더 따뜻하게 하고, 대기가 따뜻해질수록 수증기를 더 많이 담을 수 있으므로, 이 여분의 수증기 흡수 또한 지구의 온실효과를 더욱 강화시키고요. 또한 이 $16\mu m$ 영역은 지구 표면에서 방출하는 적외선 최대치 대역과 매우 가깝습니다. 이것은 이산화탄소가 증가하면 지구의 복사열을 흡수하여 대기의 온도 상승으로 이어질 수 있음을 의미합니다.

반대로 대기 중 약 $8{\sim}14\mu m$의 원적외선 스펙트럼에서는 이산화탄소와 수증기의 흡수가 약하다는 것을 알 수 있죠? 대기의 창이라고 불리는 이 영역은 지구복사의 대부분을 지구 표면에서 그대로 우주로 직접 방출합니다.

정리하면, 온실가스가 자신만의 특정 파장대의 열적외선 에너지를 흡수하면서 온도가 상승하는 겁니다. 그런 다음 온실가스들은 모든 방

향으로 증가된 양의 열적외선 에너지를 방출합니다. 분자들끼리 계속 마주치며 열을 흡수하고 또한 방출하며 양이 점점 많아지죠. 온실가스들이 많아질수록 이러한 과정을 통해 우주로 방출하는 복사에너지 양은 작아지겠고요. 온실가스들이 지구의 열에너지를 가두기 때문에, 지구의 표면 온도는 직접적인 태양열에 의해서만 가열되었을 때보다 더 높은 겁니다.

이렇게 온실가스에 의해 에너지의 일부가 지구에 남는 현상을 '복사 수지'라고 합니다. 태양으로부터 100을 받으면 100을 내보내야 하는데, 온실가스에 의해 90만 다시 내보내고 10은 지구에 남으면 지구 입장에서는 10이라는 '수지'를 맞은 셈이죠. 실제로 복사 수지가 없다면 지구는 수성이나 화성처럼 하루 일교차가 300℃를 오가는 극한 환경일 겁니다. 따라서 복사 수지는 지구 생태계를 지탱하는 근본 에너지이며 온실가스는 반드시 필요한 대기 성분입니다.

하지만 뭐든지 적정선을 유지해야 하는데, 온실가스들이 너무 많아져서, 즉 어떠한 기준치를 초과하면서 생기는 변화가 바로 기후변화입니다. 물론 지구의 역사를 길게 보면, 복사 수지는 원래 일정하지 않습니다. 태양에너지의 변화, 태양과 지구의 거리 변화, 그리고 지구 대기 성분 조성의 변화들에 의해 지속적인 변동성을 보여 주죠. 이 중에서 태양에너지의 변화나 태양과 지구의 거리 변화는 정량적인 분석이 가능합니다. 하지만 온실가스의 조성 변화는 인간 활동의 영향을 매우 크게 받기 때문에 일관된 분석과 예측이 쉽지 않습니다. 현재의 기후변화가

3장. 미래: 인류 생존을 걸머지다

'기후 위기' 혹은 '기후 재앙'으로 악화되는 이유가 이런 예측의 어려움 때문입니다.

이 재앙에 대해 과학자들이 할 수 있는 일은 복사 수지에 영향을 미치는 온실가스를 구별해 내고 각각의 기여도를 계산하는 겁니다. 정량적으로 판단하기 위해서 특정 시점과 비교하여 각각의 온실가스들이 복사 수지에 얼마나 기여하는지 판단하는 거죠. 이런 방법에 의해서 평가된 지표를 '복사 강제력'이라고 합니다. 복사 강제력은 에너지의 변화를 나타내기 때문에, 일정 면적당(m^2) 일을 할 수 있는 능력(W), 즉 W/m^2으로 단위를 표현합니다.

기후변화에관한정부간협의체(IPCC) 보고서는 산업화가 시작된 1750년을 기준으로 복사 강제력을 계산합니다. 2011년에 발간된 IPCC 제5차 보고서에 따르면, 이산화탄소의 복사 강제력이 $1.82W/m^2$로 가장 크고 메탄과 이산화질소가 각각 $0.48W/m^2$과 $0.17W/m^2$로 그 뒤를 잇습니다. 미국해양대기청에서 발표한 2021년 복사 강제력을 보면, 이산화탄소가 $2.14W/m^2$로 증가했고, 메탄과 이산화질소도 각각 $0.53W/m^2$, $0.21W/m^2$로 상승했습니다. 이러한 복사 강제력의 수치는 왜 이산화탄소의 증가가 기후변화의 주범인지 한눈에 보여 줍니다. 대기 중 이산화탄소를 통제하지 않는다면 이산화탄소의 복사 강제력은 더욱 급격히 상승할 겁니다.

특이한 점은 먼지나 다양한 에어로졸은 이들과 반대로 음의 복사 강제력을 가진다는 점입니다. 이런 입자들은 복사 수지를 줄여 줘서 지

구의 온도를 내리는 역할을 하죠. 이는 음의 복사 강제력을 가지면서도 해롭지 않은 먼지 입자를 개발한다면 기후변화를 늦출 수도 있다는 뜻이므로, 이와 관련된 연구도 이루어지고 있습니다.

인간은 기후변화에 책임이 없다?

앞서 이야기했듯이 지금까지 단 한 번도 수여된 적이 없는 지구과학 분야에 노벨상이 수여되었다는 것은 큰 의미를 갖습니다. 물론 수상자 세 명 모두 노벨상을 받아도 전혀 무리가 없을 만큼의 학문적 명성과 영향력이 있긴 하지만, 무엇보다 기후변화를 설명하기 위해 평생 노력한 과학자들에게 노벨상을 수여했다는 것은 그만큼 실질적으로 현재의 기후 상황이 녹록지 않다는 뜻이니까요.

특히 그중에서도 파리시 교수는 기후변화 대응을 위해선 강한 결심을 갖고 서둘러 움직여야 하며, 미래 세대를 위해 지금 당장 행동에 나서야 한다고 소감을 밝히기도 했죠. 2018년에 작고한 스티븐 호킹은 지구온난화 수준이 돌이킬 수 없는 티핑포인트에 근접했으며, 미국의 파리기후협정 탈퇴는 그를 더욱 가속화하여 먼 미래에 지구는 금성과 같은 환경을 맞이하게 될 거라고 경고했습니다.

사실 기후변화가 인간의 활동에 의한 거라는 과학적인 증거들이 속속들이 드러나고 있음에도, 아직도 기후변화는 검증되지 않은 추측일

2018년 한국에서 열린 제48차 IPCC 총회에서
「지구온난화 1.5℃ 특별보고서」가 채택되었다.

뿐이며 기존의 화석연료 산업을 무너뜨리기 위한 음모라는 믿음도 쉽게 가시지 않고 있습니다. 전 지구적인 지각 활동과 태양의 물리적 변화에 의해 형성되는 기후변화가 마치 인간의 탄소 배출에 의해 저질러진 것처럼 호도되고 있다는 논리죠. 미국의 제45대 대통령이었던 도널드 트럼프도 그와 같은 의견에 동조한 것을 보면, 마치 근대과학이 등장하기 전 아리스토텔레스의 학설에서 벗어나지 못하고 현상의 본질을 부정하는 모양새입니다.

IPCC는 이와 같은 혼란을 타개하고 기후변화에 대한 실질적인 과학적 기반을 확립하고자 만들어진 전 세계적인 기구로서, 그 역할을 매우 훌륭하게 수행하고 있습니다. 더 이상 비과학적인 믿음과 추측이 난무하는 것을 막고 과학적이고 객관적인 자료와 증거들을 확보하면서

인류가 기후변화의 본질을 바라볼 수 있게 해 준 거죠.

그럼에도 여전히 사그라들지 않고 있는 믿음, 인간의 활동이 기후변화에 큰 영향을 주지 않는다는 믿음의 근거는 대체 뭘까요? 여러 가지가 있겠지만 그중에 지금의 기후변화가 지구상에서 늘 벌어져 온 빙하기-간빙기 변화 주기의 연속상에 있을 뿐이라는 주장에 대해서 살펴보겠습니다.

첫 번째로, 신생대의 시작인 팔레오세가 끝나고 에오세로 들어서면서 시작되어(약 5,600만 년 전) 약 18만 년 동안 지속된 팔레오세-에오세 극열대기(PETM)가 지금의 상황과 비슷하다는 주장이 있습니다. 이 시기에 탄소가 급격하게 증가하여 지구의 온도가 6℃ 이상 상승했는데, 이로 인해 바다에서는 유공충을 비롯한 많은 종이 대량으로 멸종했습니다. 동시에 육지에서는 영장류를 포함해 오늘날 존재하는 포유류의 많은 목이 갑자기 출현하게 되었고요.

하지만 이때의 급격한 기후변화는 18만 년 동안 일어났기 때문에, 산업혁명 이후 불과 300년 남짓한 기간 동안 진행된, 그리고 앞으로 100년 이내에 진행될 기후변화 속도와 비교하면 엄청나게 점진적인 온난화 기간입니다. 비록 5~6℃ 기후 상승과 관련해 현재 논의되고 있는 시나리오에 참고는 될 수 있겠지만, 이 시기의 변화 과정이 현재 우리가 당면한 기후변화 모델과 같을 수는 없습니다.

다음으로 지구에서 시작된 빙하기와 간빙기 사이클이 현재의 기후변화를 설명할 수 있다는 주장이 있습니다. 지구에서 가장 최근의 빙하

기는 약 260만 년 전에 시작었습니다. 약 500만 년에서 260만 년 전 상대적으로 따뜻하고 안정적인 기후를 보였던 플리오세가 끝나고 플라이스토세로 넘어온 시기였죠. 세르비아의 수학자이자 천문학자인 밀루틴 밀란코비치(1879~1958)는 1911년 베오그라드대학의 응용수학 교수로 재직하면서 빙하기와 간빙기의 교대 문제에 흥미를 갖게 됩니다. 그러다 1914년 제1차 세계대전 와중에 억류되어 있는 동안 연구 결과를 정리하여 「빙하시대에 관한 천문학적 고찰」이라는 논문을 발표하죠.

밀란코비치는 지구의 기후변화 패턴을 결정할 수 있는 세 가지 중요한 변수에 주목했습니다. 지구 공전궤도 이심률(타원이 원에서 찌그러진 정도)과 자전축 경사의 변화, 세차운동(물체의 회전축이 회전하는 운동)의 주기였죠. 그는 우선 지구의 공전궤도의 이심률의 변화 주기를 약 10만 년 정도로 계산했습니다.◆

또한 황도면(지구의 공전궤도면을 천구 위에 투영한 평면)에 대한 지구자전축의 경사는 4만 1,000년을 주기로 21.8도에서 24.4도까지 오르내린다는 사실, 그리고 지구자전축이 팽이처럼 요동하면서 약 2만 6,000년마다 한 바퀴 세차운동을 한다는 사실까지 알아냈습니다.

그는 이 세 주기의 조합으로 태양복사에너지가 변화하고 이를 통해 전 지구적인 기후가 변화한다는 이론을 정립한 것입니다. 그의 이론은

◆ 지구 공전궤도의 모양은 시간에 따라 거의 원형(0.005의 낮은 이심률)에서 완만한 타원 모양 (0.058의 높은 이심률)까지 변화하고 평균 이심률은 0.028이다. 현재의 공전궤도 이심률은 0.017로 이심률은 점점 커지고 있는 중이다.

처음에는 주목받지 못하다가 그가 세상을 떠난 20세기 중반 이후 인류가 남극과 그린랜드의 빙하 시료를 추출하여 해저 퇴적물의 연대를 정확히 측정하면서 드디어 인정받습니다. 지구의 기후를 변화시키는 지구 자체 운동의 집합적인 효과를 설명하는 이론으로 정립된 것이죠.

실제로 밀란코비치 이론은 위의 세 주기의 상호작용이 플라이스토세에서 뚜렷하게 나타난 약 4만 년의 빙하기-간빙기 교대 주기뿐만 아니라, 지난 80만 년 동안 나타난 8만~9만 년간의 궤도 구동 빙하기와 약 1만 년의 짧은 간빙기 또한 상당 부분 설명해 줍니다.

인류 역사상 가장 중대한 종합 프로젝트

여기까지만 이야기하면 기후가 그저 전 지구적인 운동에 의해 주도적으로 결정되는 것처럼 보일 수 있습니다. 하지만 지난 80만 년 동안 대기 중 이산화탄소는 빙하-간빙기 주기에 따라 거의 정확한 속도로 약 170~300ppm의 범위 내에서 요동했습니다. 이것은 대기 중 이산화탄소 함량이 자연스럽게 통제되어 매우 안정적인 상태를 유지해 오고 있었다는 뜻입니다. 하지만 현재의 이산화탄소 함량은 400ppm을 초과한 지 오래입니다. 이는 300만 년 이상을 거슬러 올라간 시기보다 더 높은 수치죠. 또한 기후변화에 영향을 미치는 수많은 요소들과 변수들을 고려한 정밀한 수치 계산의 결과도 최근의 이산화탄소 증가가 인간의 활

동에 의한 것임을 명확하게 보여 주고 있습니다.◆

　　IPCC 제6차 보고서(2021)에서도 산업혁명 이후 일어나고 있는 급격한 기후변화는 인간의 활동에 의한 탄소 증가가 명백한 원인이라는 분석 결과를 발표했습니다. 이는 우리가 감내하기 힘든 고통을 겪더라도 정해진 기간 안에 '탄소 중립'을 실천하지 않으면 지구의 기후는 회복이 불가능한 티핑포인트를 넘게 될 거라는 암울한 전망을 보여 줍니다. 이러한 위기에 대응하기 위해서는 좀 더 체계적이고 정량적인 분석에 기반한 해결책이 필요합니다. 갈릴레이가 근대과학을 확립할 때 정량화할 수 있는 양을 중심으로 접근한 것과 같은 맥락이죠.

　　거시적인 관점에서 지구는 거대한 하나의 계system입니다. 그 안에서 수많은 주체들이 서로 상호작용하며 복잡한 체계를 구축하고 있죠. 티핑포인트를 넘어선다는 것은 이러한 시스템이 종합적으로 붕괴하여 현존하는 생명체의 대멸종을 가져온다는 뜻입니다. 최상위 포식자인 인간이 그 첫 번째 피해자가 될 것임은 자명하죠.

　　지금까지 지구는 인류가 뿜어내는 탄소 배출을 최대한 줄이는 방식, 즉 음의 되먹임 작용을 해 왔습니다. 드넓은 바다와 거대한 산림은 탄소를 흡수하며 인류의 삶을 지켜 주었죠. 덕분에 18세기에 시작된 산

◆　　Redrawn from N. L. Bindoff et al., "Detection and Attribution of Climate Change: From Global to Regional," in *Climate Change 2013: The Physical Science Basis.* Contribution of Working Group I to the Fifth Assessment Report of the Intergovernmental Panel on Climate Change, ed. T. F. Stocker et al., [Cambridge: Cambridge University Press, 2013], 867-952.

업혁명 이후 인류는 화석연료에 기반하여 약 300년간 급격하게 탄소를 소비하면서 경제적으로 윤택한 삶을 누릴 수 있었습니다.

하지만 이제는 모두 한계에 다가가고 있습니다. 평균기온의 상승으로 극지방의 빙하가 녹아내리면서 해수면은 점점 높아지고, 지구의 반사율(알베도)이 줄어들면서 지구에 머무는 태양복사에너지는 증가하고 있습니다. 이산화탄소를 지속적으로 흡수한 바다가 산성화되어 해양생태계가 고통받고 있고, 경제활동을 위한다는 명목으로 울창한 산림들이 사라지고 있죠. 북극의 영구동토층(지층의 온도가 늘 0℃ 이하인 땅)이 녹아내리면서 그동안 얼어붙어 있었던 (이산화탄소보다 몇 배로 온실효과가 강한) 메탄이 배출될 위험이 커지고 있으며, 같이 얼어 있던 새로운 바이러스들이 깨어나며 인류의 생존을 위협하고 있습니다. 수많은 생물 종이 멸종하면서 생물학적 다양성이 훼손되고, 급격한 평균기온의 증가로 식량 생산에 차질이 심해지며 미래의 식량 위기를 예고하고 있죠. 만약 이 상태가 지속되어 티핑포인트를 넘는다면 어떻게 될까요?

음의 되먹임으로 평형을 이루기 위해 노력했던 지구는 티핑포인트를 넘는 순간 즉각적으로 양의 되먹임 작용을 하면서 지구 전체의 엔트로피를 증가시킬 겁니다. 인간이 생각하는 평화와 질서는 산산조각 날 것이며, 지구는 증가한 기온을 기반으로 자신만의 새로운 평형상태를 향해 나아갈 겁니다. 앞서 프리고진이 제시한 새로운 소산 구조가 (매우 긴 시간에 걸쳐) 생겨나겠죠. 그 새로운 평형상태가 어떨지 정확히 예측할 순 없지만 분명한 건 그 상태에서 인간이 생존할 수 있는 확률은 거의

없다는 겁니다. 엔트로피가 최대인 열적 평형상태, 즉 모든 것이 뒤죽박죽 섞이고 기온은 더욱더 올라가 마치 금성에서 볼 수 있음직한 (인간 입장에서는 끔찍한) 종말이 다가올지도 모르는 일이죠.

이에 따라 기후학자를 비롯한 뜻있는 과학자들은 기후변화에 대응하기 위해서는 구체적인 수치적 한계들이 설정될 필요가 있다는 점을 공유했습니다. 갈릴레이가 근대과학의 탄생을 위해 정량화와 수량화에 힘을 쏟았던 것처럼 말이죠. 그래서 총 9개의 항목에 대한 기준을 제시했는데, 평균기온 변화, 성층권 오존층의 양, 해양의 산성화, 생물다양성의 손실률, 담수의 소비, 토지 이용의 변화, 질소와 인에 의한 오염, 화학물질에 의한 오염, 대기오염의 정도입니다. 이 기준들은 기후변화가더 이상 정치적인 의제에서 그치지 않으며, 정량화된 과학적 데이터를 기반으로 접근해야 함을 의미합니다.

과학자들은 이 항목을 모두 수량화하고 한계점을 명확하게 설정하여 그를 넘지 않도록 전 세계가 세부적인 계획을 세워야 한다고 주장하고 있습니다. 탄소 중립으로 표방되는 정량화된 기준을 세우는 일은 과학자들의 몫이지만 그 기준을 넘지 않기 위한 계획을 실천하기 위해서는 국제 정치, 경제, 그리고 문화의 모든 영역이 관여하는 매우 복잡한합의 과정을 거쳐야 합니다. 기후변화는 단순히 과학적인 이슈가 아니라 인류 모든 공동체 간의 컬래버(협동)가 이루어져야 하는 종합 프로젝트인 셈이죠.

문제는 기후변화의 속도가 매우 빨라서 우리가 이를 극복하기 위한

그린란드 쿨루수크 연안에서 거대한 빙하가 떠내려가는 모습(2019년)

시간이 많지 않다는 겁니다. 과학자들은 과학의 영역 안에서 최대한 기후변화의 속도를 지연할 수 있는 방안을 연구하겠지만, 과학자들 역시 사람이기 때문에 전 인류적인 고민도 함께 가져야 합니다. 저 역시 과학자로서 이러한 고민을 함께 공유하고 있습니다.

현재 우리가 확신할 수 있는 것은 향후 10년간 탄소 중립을 실천하기 위해 급격한 산업의 재편이 뒤따를 것이며, 이는 4차 산업혁명과 맞물리며 녹색 기술green technology의 성장으로 이루어진다는 겁니다. 이러한 변화는 물리학을 비롯한 모든 과학기술 분야가 함께 겪을 것이기에, 기후변화를 극복하기 위한 프런티어 연구는 각 영역의 장벽을 깨는 융합 연구를 더욱 가속화할 겁니다.

물리학의 꿈

물리학의 꿈은 거대하면서도 그 스케일은 다양합니다. 크게는 우주의 기원, 최종이론, 생명의 탄생, 의식의 작동 원리 등의 거대 담론부터, 작게는 각 프런티어 연구에서 당면한 문제들에 이르기까지, 지금도 수많은 과학자들은 자신들의 꿈을 향해 조금씩 전진하고 있습니다. 개개의 과학자들이 함께 힘을 합쳐서 자연과 우주의 비밀을 밝혀 나가는 것이죠.

예컨대 초전도체를 연구하는 과학자는 상온에서도 동작할 수 있는 초전도체를 구현하는 것이 꿈이고, 태양전지를 연구하는 과학자는 기존의 실리콘 기반 태양전지를 완전히 대체하면서도 그 효율이 떨어지지 않는 태양전지를 만들어 내는 것이 꿈입니다. 핵융합 에너지를 연구하는 과학자는 안정적으로 에너지를 얻을 수 있도록 기술적 난제들을 극복하는 것이 꿈이죠. 사실 이 셋 중 하나만 실현되어도 기후변화 문제

는 단번에 해결될지도 모릅니다. 하지만 그 꿈을 이루기엔 아직도 갈 길이 멀죠.

하지만 애초에 꿈을 완전히 이룬다는 말은 큰 의미가 없습니다. 꿈은 오히려 상징에 가깝죠. 예컨대 물리학이 최종이론을 찾아내는 데 성공한다면, 그것으로 더 이상 할 일이 없어지는 것일까요? 전혀 그렇지 않습니다. 최종이론을 통해 더욱 다양한 현상을 설명할 수 있는 방법론을 찾아낸다거나, 최종이론이 예측한 또 다른 현상을 연구하는 완전히 새로운 영역이 열릴 수 있기 때문입니다.

생명과 의식의 출현도 마찬가지입니다. 이 비밀을 푸는 데 성공한다면 거기서 끝이 아니라 인류는 차원이 다른 새로운 과학 영역을 탐험하게 될 겁니다.

기후변화는 어떨까요? 과연 정치와 사회 그리고 문화까지, 모든 면에서 다양성을 갖는 전 인류에게 닥친 이 공통의 난제를 과학의 독자적인 힘으로 해결할 수 있을까요?

이렇듯 담대한 물리학의 꿈을 향해 우리는 열심히 조금씩 전진하고 있는 중입니다. 물론 역사를 돌아보면, 기나긴 점진적 진보보다는 때때로 일어났던 엄청난 도약이 과학 발전을 이끌어 왔다는 것은 부정할 수 없습니다. 20세기 초반 양자역학 혁명 이후 1970년대 중반 표준모형이 완성되기까지 물리학은 입자물리학을 필두로 엄청난 발전을 해 왔지만, 그 이후로 지금까지 비약적인 진보는 일어나지 않았습니다. 실험으로 검증 가능한 새로운 형태의 이론이 등장하지 않았고, 다른 실험이나

관측 결과가 나오면 그에 맞춰서 이론을 약간 조정하는 형태로 연구가 진행되어 오고 있죠. 물론 프런티어 영역에서는 지금도 꾸준히 학문적 발전이 이루어지고 있긴 하지만, 무언가 완전히 새로운 관점에서 우주를 바라볼 수 있는 도약이 필요한 때라는 데는 현재의 물리학자들 대부분이 동의하고 있습니다.

특히 우주는 자신을 이해하기를 원한다면 모든 분야를 통섭할 것을 우리에게 요구하고 있는 듯합니다. 물리학은 그 중심에서 다양한 분야를 아우르며 꿈을 향해 나아가야 하는 것이죠. 인류 역사상 가장 위대한 물리학자로 손꼽히는 뉴턴조차도 자신을 해변가에서 조개를 줍는 아이에 비유했으며, 거인의 어깨에 올라서서 더 넓은 세상을 보아야 한다고 말했습니다. 과학자들 한 명 한 명의 공헌은 미약하게 보일지라도 그 연구 성과들이 쌓이고 쌓여서 거대한 거인을 탄생시키고 그 어깨 위에 올라타 앞으로 전진할 수 있습니다. 그제야 우리가 밝히고자 하는 자연과 우주의 참모습은 그 비밀을 드러낼 겁니다. 그리고 그 여정에서 물리학은 다른 과학 분야들과 융합하면서 결국에는 인위적으로 설정된 학문의 경계를 무너뜨리고, 다시 철학을 비롯한 인문학과 결합하여 우주의 '빅 히스토리'를 완성해 갈 겁니다.

도판 출처

30쪽	Wikimedia / Billthom
38쪽	Wikimedia / public
43쪽	Wikimedia / public
44쪽	Wikimedia / Melirius
49쪽	Wikimedia / public
53쪽	Wikimedia / Lucas Taylor_CERN
55쪽	Shutterstock / Benny Marty
68쪽	Wikimedia / public
71쪽	Wikimedia / public
80쪽	Wikimedia / public
83쪽	Wikimedia / public
84쪽	Wikimedia / Émile Alglave
88쪽	Wikimedia / public
97쪽	Wikimedia / public
106쪽	Wikimedia / public
	Wikimedia / Cburnett
108쪽	연합뉴스
110쪽	Wikimedia / public
114쪽	Wikimedia / public
119쪽	Flickr / MARCOS ARCOVERDEICM 2018
125쪽	pxhere / public
128쪽	Wikimedia / public
130쪽	Shutterstock / laboratory
131쪽	Shutterstock / Claudio Divizia
135쪽	Wikimedia / Science Museum London_Science and Society Picture Library
137쪽	Wikimedia / Marjorie McCarty
143쪽	Wikimedia / ENERGY.GOV
145쪽	Wikimedia / ESA_Hubble&NASA

151쪽 Wikimedia / Marcel Lauterbach

156쪽 Wikimedia / Joneau

160쪽 Wikimedia / Emil Vollenweider und Sohn (Bern)

165쪽 Wikimedia / Koogid

185쪽 Wikimedia / NASA_STScI_ESA

196쪽 Wikimedia / welcomeimages

213쪽 Walden Kirsch_Intel Corporation

224쪽 연합뉴스

233쪽 Group of Professor Thomas Schimmel_KIT

237쪽 Wikimedia / Karl Gruber

242쪽 Wikimedia / 痛

250쪽 연합뉴스

256쪽 Wikimedia / public

271쪽 Wikimedia / IISD_ENB Sean Wu

278쪽 연합뉴스

북트리거 일반 도서

북트리거 청소년 도서

진격의 물리학

인류 문명을 끌어가는 숨은 거인

1판 1쇄 발행일 2023년 5월 10일

지은이 이광진
펴낸이 권준구 | 펴낸곳 (주)지학사
본부장 황홍규 | 편집장 윤소현 | 편집 김지영 양선화 서동조 김승주
기획·책임편집 양선화 | 인포그래픽 김상준 | 디자인 정은경디자인 | 저자 사진 이현우
마케팅 송성만 손정빈 윤술옥 박주현 | 제작 김현정 이진형 강석준 오지형
등록 2017년 2월 9일(제2017-000034호) | 주소 서울시 마포구 신촌로6길 5
전화 02.330.5265 | 팩스 02.3141.4488 | 이메일 booktrigger@naver.com
홈페이지 www.jihak.co.kr | 포스트 post.naver.com/booktrigger
페이스북 www.facebook.com/booktrigger | 인스타그램 @booktrigger

ISBN 979-11-89799-92-2 03400

북트리거

트리거(trigger)는 '방아쇠, 계기, 유인, 자극'을 뜻합니다.
북트리거는 나와 사물, 이웃과 세상을 바라보는 시선에 신선한 자극을 주는 책을 펴냅니다.

KB074233